钳工技能实训

主审◎魏丽君

主编◎阎 帅 左 逾 范 强

QIANGONG JINENG SHIXUN

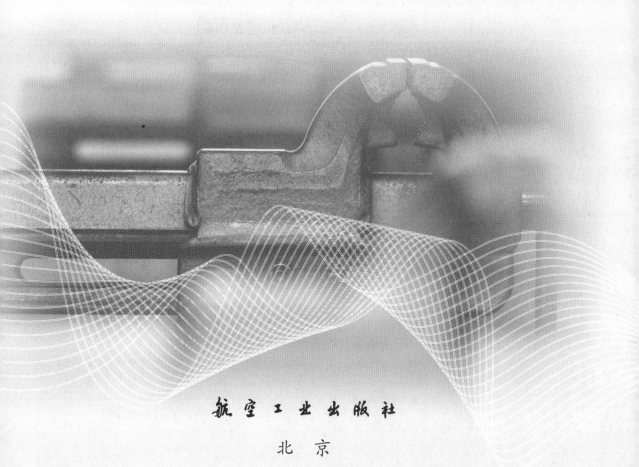

航空工业出版社

北 京

内 容 提 要

本教材依据高职院校人才培养要求、企业钳工实际应用场景及学生实际认知能力编写而成。本教材采用项目式编撰方式，通过 6 个基础训练模块以及 1 个综合制作模块，将钳工技能与机械基础相关知识有机结合，讲述了现代化钳工的意义及常用工具的规范使用方法，并重点训练了锉削、平面划线、锯割、钻孔、锪孔、铰孔与攻螺纹等钳工常用技能。同时，本教材注重理论和实践相结合，总结了实践中容易出现的问题，将具体问题细化成若干知识点，帮助学生培养应用能力和职业素质。本教材结构清晰、综合性强、灵活性高，可作为机械类及其他相近专业的实训教材，也可作为企业培训及相关工程技术人员的参考用书。

图书在版编目（CIP）数据

钳工技能实训 / 阎帅，左逾，范强主编 . —北京：
航空工业出版社，2024.3
ISBN 978-7-5165-3702-2

Ⅰ . ①钳… Ⅱ . ①阎… ②左… ③范… Ⅲ . ①钳工—
高等职业教育—教材 Ⅳ. ① TG9

中国国家版本馆 CIP 数据核字（2024）第 056530 号

钳工技能实训
Qiangong Jineng Shixun

航空工业出版社出版发行
（北京市朝阳区京顺路 5 号曙光大厦 C 座四层 100028）
发行部电话：010-85672666 010-85672683

北京荣玉印刷有限公司印刷 全国各地新华书店经售
2024 年 3 月第 1 版 2024 年 3 月第 1 次印刷
开本：787 毫米 ×1092 毫米 1/16 字数：252 千字
印张：11.5 定价：45.00 元

编写委员会

主　审｜魏丽君

主　编｜阎　帅　左　逾　范　强

副主编｜罗　洲　周卫东

前　言

钳工是一项基础性的制造工艺，在机械加工、电子制造、汽车修理等行业中，都离不开钳工的技能支持。《中华人民共和国国民经济和社会发展第十四个五年规划和2035年远景目标纲要》中明确指出：加强创新型、应用型、技能型人才培养，实施知识更新工程、技能提升行动，壮大高水平工程师和高技能人才队伍，旨在通过提升人才技能水平，缓解制造业中基础工种人才缺失现象。

本教材编写组以企业用人要求为导向，根据高职学生的具体特点和需求，并结合国家职业技能考核标准，组织编写了《钳工技能实训》这本教材。本教材的编写重点突出了以下几个方面。

（1）本教材以模块教学形式进行编写，模块内容由易到难，通过"循序渐进"的方式逐渐培养学生的分析和动手能力，突出理论与实践相结合的特点，确保学生具有相应知识体系的同时，掌握动手实操的技能。

（2）本教材贯彻国家关于职业技能等级证书与毕业证书并重的举措，借鉴并吸收了学校教学改革的成功经验，涵盖了钳工中级技能鉴定的相关知识点及考试内容。同时，每个任务的实操部分均采用计分制评分标准，与职业技能等级证书的考核要求保持一致。

（3）本教材加入了职业道德规范、企业6S制度管理及中国企业中优秀的钳工技能大师介绍，保证学生掌握必备工艺知识的同时，激发学生的学习兴趣，丰富学生对职业的认同感及对企业管理知识的了解。

（4）本教材落实立德树人根本任务，贯彻《高等学校课程思政建设指导纲要》和党的二十大精神，将专业知识与思政教育有机结合，推动价值引领、知识传授和能力培养紧密结合。

此外，编者还为广大一线教师提供了服务于本教材的教学资源库，有需要者可致电13810412048或发邮件至2393867076@qq.com。

本教材的编写得到了湖南铁道职业技术学院领导和教研室同仁的大力支持和帮助，在此我们表示衷心的感谢。编者在此书编写过程中参阅了相关教材、图书、文献等资料，在此向原作者致以诚挚谢意。

由于编者水平有限，加之时间仓促，书中存在的不妥和错漏之处，恳请广大同行和读者批评指正。

目　录

模块六　锪孔、铰孔与攻螺纹 / 101

模块七　综合制作 / 125

综合训练 / 139

技能测试 / 153

附录 / 167

参考文献 / 172

模块一

钳工入门知识

适用专业：		适用年级：一年级	
任务名称：钳工入门知识		任务编号：1-1	
姓名：	班级：	日期：	实训室：
任务下发人：		任务执行人：	

任务导入

　　回顾历史，人类对不同材料的获取与加工推动着文明的进程，从石器时代到新材料时代，人类文明实现了一次又一次的"飞跃"。今天，随着碳材料、高分子材料、无机非金属材料的迅速发展，我们的生活正悄然改变。然而，从金属材料被发现的那一天起，就凸显其在人类社会中的重要地位，自始至终都展现着耀眼的光芒。随着工业制造技术的飞速发展，金属材料加工技术已不局限于早期的提炼和生产技术，而是发展成如今冶金、锻造、铸造、热处理、焊接、压力加工、切削加工、3D打印等一系列金属材料制备、成型及加工的现代化方法（见图1-1）。

图 1-1　部分金属材料制备、成型及加工的现代化方法
(a) 冶金；(b) 铸造；(c) 金属切削加工；(d) 金属 3D 打印

　　利用上述现代化方法确实可以生产出许多优异的零件，但一个零件/产品仅仅依靠上述方法就可以供人们直接使用吗？中间是否还需要其他的工艺过程？钳工工种又在其中起到什么作用呢？

学习目标

知识目标

（1）了解钳工职业的未来发展方向。

（2）了解钳工实训的要求。

（3）认识常用的工具。

能力目标

（1）能在钳工实训过程中保持安全作业的习惯。

（2）能根据图纸尺寸要求选择合适的量具。

素质目标

（1）激发对钳工工作的兴趣。

（2）养成爱岗敬业、细心踏实的工作态度。

任务实训

一、任务描述

（1）了解钳工的基本概念以及分类。

（2）了解钳工实训室场地、实习安全制度和文明生产要求。

（3）熟知钳工实训室的常用设备。

（4）认识钳工所需使用的量具。

（5）学习企业职业道德规范及钳工职业概况。

二、相关资料和工具

1. 相关资料

①教学课件；②实训室制度；③现代企业 6S 管理制度及其操作要求；④钳工中级工职业标准；⑤钳工安全生产操作规程。

2. 相关工具

①钳工工作台；②台钻；③台虎钳；④砂轮机；⑤其他钳工常用量具等工具。

三、任务实施

1. 任务实施说明

（1）学生分组：每小组 4 人。

（2）资料学习：学生学习相关资料并总结出要点。

（3）任务分析：针对课程目标，总结出任务实施过程的重点和难点。

（4）现场教学：①教师将钳工入门知识要点按要求进行讲解；②教师根据实际场地和实训工具进行相关操作示范。

（5）小组实施：小组讨论确定任务实施步骤后，开始实施任务，教师巡回指导。

（6）实施成果分析。

2. 任务实施注意点

（1）6S 的要求。

（2）钳工实训场地的熟悉及相关安全知识。

（3）钳工常用设备操作规则。

（4）遇到问题时小组进行讨论，可让教师参与讨论，通过团队合作获取问题的答案。

四、心得体会

根据实训任务的内容，谈一谈你的学习 / 实训体会。

五、任务评价

课题	考核项目	配分	考核点	评分标准	实测	得分	合计
知识考核	随堂检测（80分）	20	实训室规范及安全知识	根据相关实例，判断是否正确，回答错误1次扣5分			
		10	钳工工作台的认识及工具的收纳	根据相关实例，判断是否正确，回答错误或不规范1次扣2分			
		10	台虎钳的认识和作用	根据相关实例，判断是否正确，回答错误1次扣2分			
		10	钻床的认识和作用	根据相关实例，判断是否正确，回答错误1次扣2分			
		10	砂轮机的认识和作用	根据相关实例，判断是否正确，回答错误1次扣2分			
		20	量具等工具的辨别	根据相关实例，判断是否正确，回答错误1次扣5分			
	职业素养（20分）	10	遵守操作规程，安全文明生产	量具等工具使用不规范1次扣2分			
		10	练习过程及结束后的6S考核	工作服未按要求穿戴扣2分，练习结束未打扫卫生扣5分			

笔记

知识链接

一、钳工的概念及其主要任务

1. 钳工小知识

钳工，属于切削加工、机械装配和修理作业中的手工作业工种，因常在钳工台上通过虎钳夹持工件进行各种操作而得名。那么在智能化、自动化生产线大规模应用的今天，是否还需要以手工作业为主、慢工出细活的钳工工种呢？

答案当然是肯定的。首先，随着金属零件复杂程度的增加，很多难以通过自动化机械设备加工的细微处，以及许多专用夹具、模具、量具和专用设备等的制造过程，都无法离开钳工的一刀一锉。其次，在机械装配和修理作业中，钳工更是无法被替代的工种。钳工技师通过自身扎实的技术和丰富的经验能够将机械零件按照技术要求进行组装和调试，并为机械设备提供维护和修理。最后，一些高级钳工技师可以用其精湛的技巧为企业的超精细加工生产做出巨大的贡献。所以说，钳工是对操作技能要求较高的工种之一，钳工技师更是当今企业不可或缺的基础人才。下面以实例来进一步说明钳工在企业生产中的作用。

当确定试制产品的工艺尺寸后，企业对其铸件或毛坯料进行批量化切削加工生产时，为了保证效率的最大化，常常采用分散工序生产，即加工中心与普通加工分步进行。如图 1-2 所示，用于保护火车主轴的轴端压盖在加工中心完成基本形状的加工后，还需要钳工对其进行钻孔、攻丝、倒角以及对最后成品的打磨等。

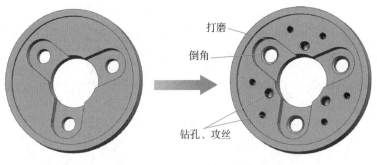

图 1-2　轴端压盖示意图

同时，对于设计的某个新型产品，无法得到其精确的尺寸数据。因此在首次对装配图中的零件进行产品试制后，可能在装配过程中出现无法装配的问题，此时就需要钳工对试制零件的形状、尺寸精度等不断地进行精细打磨与调整，最终才能得到合格的尺寸。

此外，企业中的设备需要根据计划进行维护，即在特定的时间进行小修、中修或大修。此时，钳工需要定期检查和诊断设备中存在的问题，拆卸有关部件，检查、调整、更换或修复失效的零件，以恢复设备的正常功能和精度。

2. 钳工的基本概念

钳工通常是指通过在钳工台上使用手持工具对零件进行加工及装配作业的专业技术人员，具体工作包括将各种零件按规定的要求进行组件、部件装配和总装配；零件加工前的划线；不适宜机械加工方法解决的零件加工；机械设备的维护与维修；量具、夹具等工具及专用设备的制造；为提高生产率和产品质量而进行的技术革新、工具和工艺改进等。

钳工作业主要包括錾削、锉削、锯割、划线、钻孔、铰孔、攻丝、套丝、刮削、装配、简单的热处理等。

3. 钳工的分类

从之前的介绍可以看出，钳工的工作方式多种多样，其按照工作内容和特点可分为以下四种。

（1）普通钳工。对不适宜采用机械加工或机械加工不符合生产率最大化原则的零件，进行精密加工、修整及检测。

（2）工具钳工。对工具（刃具、模具、夹具、量具等）和各种专用设备进行制造和修理。

（3）机修钳工。对发生故障的机械设备进行检修和维护，保证机器的正常工作和精度要求。

（4）装配钳工。对各种零件按技术要求进行装配，并对安装好的机械设备进行检验和调试。

二、 钳工实训场地简介和相关制度要求

1. 钳工实训场地简介

钳工实训场地是教师教学与学生练习钳工操作的固定场地，为保证实训场地的人员安全与 6S 标准，将场地区域分为教学区、钳工工位区、台钻区、砂磨区、工件区、工具摆放区等区域，各区域之间有相应标识和安全通道进行分隔。图 1-3 所示为钳工实训场地平面示意图。

教学区是学生接受钳工培训的区域，同时也是学生整理自身着装和放置临时

笔记

物品的地方，不应将无关用品带入钳工实训场地其他区域。

工件区摆放待加工工件和已完成加工的成品工件。

钳工工位区为学生展开钳工实训的主要场地，主要进行工件的割锯、划线、锉削等练习。

台钻区和砂磨区分别为对工件进行钻孔类操作和打磨类操作的区域。

工具摆放区为清理工具、废弃零件及垃圾的存放区域。同时，此区域配备灭火装置。

安全通道一方面作为学生和教师行走的过道，另一方面也作为安全撤离通道。因此，安全通道以及两侧大门需要时刻保证畅通，意外事故发生时，师生可有序撤离。

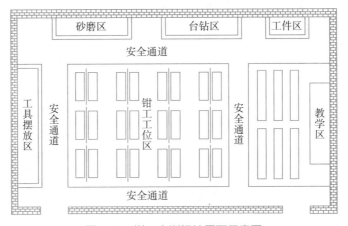

图 1-3　钳工实训场地平面示意图

2. 企业 6S 制度管理

现代企业制度管理中，6S 是管理制度中不可或缺的模式，通过 6S 管理，可以使企业达到更高的生产及管理水平。同时，6S 制度也逐渐融入大学生的学习和生活中。

（1）什么是 6S。

6S 包括整理（SEIRI）、整顿（SEITON）、清扫（SEISO）、清洁（SEIKETSU）、素养（SHITSUKE）、安全（SAFETY）六个项目，因均以"S"开头，简称 6S。6S 由 5S 拓展而来，5S 于 1986 年起源于日本，对整个日本现场管理模式起到了冲击作用，使得日本产品的品质得到迅猛提升。我国企业在结合实际现场管理情况的基础上，在原来的 5S 要素中增加了安全（SAFETY）要素，形成了 6S。

（2）钳工实训 6S 管理的意义及内容。

① 安全。安全是学习、生产实践过程中的第一要素，特别对于需要实际动手操作的学生来说，安全重于泰山，这也是我国将安全要素增加至 6S 中的原因。

在钳工实训中，安全主要包括两方面：一方面是实训场地中的安全，不允许学生私窜工位，操作时严禁交头接耳，尤其禁止打闹、嬉戏、争夺他人工具等行为；另一方面是学生实训过程中的操作安全，此方面在下文钳工实训车间制度和各项具体实操事项中提出。

安全操作 生命第一

重视安全，每时每刻都要有安全第一的观念，防患于未然。

② 整理。整理主要包括对自身工作状态的整理、对操作图册（说明）的整理、对操作工具及操作台的整理、对加工工件的整理、对检测量具的整理、对整个实训车间的整理等。通过各个环节的整理，保证实训车间中只含有与实训内容相关的物品与器件，给师生一个清爽、舒畅的学习和实操环境。

整 理

要与不要 一留一弃

将实训场地的物品分为必要的和没有必要的，只留下必要的。

③ 整顿。整顿主要包括对工具摆放位置的固定、对未加工工件堆放位置的固定、对成品工件堆放位置的固定、对量具摆放位置的固定、对实训室辅助工具摆放位置的固定等。同时，对所有物品分门别类，放置整齐，设置标签，保证实训车间的布置一目了然，节省寻找物品的时间，提高效率。

科学布局 取用快捷

留下必要物品后，依照规定位置摆放，放置整齐并加以标识。

④ 清扫。每次实训过程中，需要时刻对工件和夹具、量具等工具表面的金属屑进行清理，保证测量精度的同时避免损坏器具。在实训结束后，需要清理整个实训车间（夹具和量具等工具、操作台、地面等），保证实训车间整体的干净整洁。

笔记

笔记

清 扫

清扫垃圾 美化环境

将实训场地清扫干净，保持一个干净、整洁的学习工作环境。

⑤ 清洁。在清扫的基础上，对操作台、夹具和量具等工具、钻床等设备进行维护和保养。如清洁操作台表面油污、清洁台虎钳螺纹内部的金属屑、保养相关仪器设备等，只有保证实训车间工位中设备的最佳工作状态，才能加工出精度合格的工件。

清 洁

形成制度 贯彻到底

将整理、整顿、清扫常态化、制度化，保持住实训场地的美观状态。

⑥ 素养。素养是对钳工技术人员的综合素质要求，遵守实训车间的生产安全制度，养成良好的学习、操作习惯，培养积极主动上进的精神，并与今后的生产企业接轨，将自己培养成合格的技术人员。

素 养

养成习惯 环境育人

每位成员养成良好的习惯，并遵守规则，培养积极主动的精神。

3. 钳工实训室部分工作要求

（1）按规定将劳动保护用品穿戴整齐后进入钳工实训车间，禁止携带与实训无关物品。

（2）实训过程中需要走动时，应走在场地中间的安全通道，避开工作中的设备与有人正在工作的台面。

（3）工作前，对所有夹具、量具等工具和设备进行全面检查，确认无误后方可操作。★

（4）手锤使用前应检查锤柄与锤头是否松动，防止锤头飞出伤人。★

（5）锉刀木柄应装有金属箍，禁止使用未上木柄或木柄松动的锉刀。

（6）锯割时工件必须夹紧，不准松动，以防锯条折断伤人。★

（7）锯条应使用蝶形螺母调节适当的松紧度，用手扳动锯条，达到感觉硬实的松紧程度即可。

（8）锯割时不可突然用力过猛，以防锯条折断伤人。★

（9）锯割工件时，当工件即将断裂时，锯割动作要轻，以防压断锯条或工件落下伤人。★

（10）清除金属屑应用专用工具，不准用嘴吹或用手擦。

（11）操作钻床时，必须戴好工作帽（长发学生需扎好头发），工作服袖口应扎紧，严禁戴手套操作。★

（12）操作钻床时，严禁在开机状态下装卸和检验工件。★

（13）不准用手触摸旋转的钻头和其他运动部件，运转设备未停稳时，禁止用手制动，变速时必须停车。★

（14）使用砂轮机时必须戴好防护眼镜。★

（15）使用砂轮机时操作者应站在砂轮机侧面，且磨削压力不应过大，以防砂轮破裂伤人。

注：★表示重要要求。

三、钳工常用设备简介

1. 钳工工作台

（1）材质：一般采用 Q235 钢、45 号钢或不锈钢。

（2）作用：安装台虎钳（安装台虎钳后以钳口高齐手肘为宜），放置工具，用于生产、组装、检修零部件。

（3）分类：可分为钢板工作台、防静电工作台、不锈钢工作台、复合板工作台等。本技能实训常采用不锈钢工作台，如图 1-4（a）所示。

2. 台虎钳

（1）材质：钳口材料一般采用经淬火后的 40～60 号钢，保证其高硬度和高耐磨性，以钳口宽度确定标定规格，一般为 100 mm、125 mm、150 mm 三种。

（2）作用：夹持工件。

（3）分类：分为固定式和回转式两种。回转式可使工件旋转至合适的加工位置。本技能实训常采用回转式台虎钳，如图 1-4（b）所示。

（4）操作规程：①禁止将工具放在台虎钳上，防止其滑落伤人；②使用回转式台虎钳时，必须拧紧固定螺钉；③用台虎钳夹紧工件时，只能使用钳口最大行

笔记

程的 2/3，紧固工件时禁止使用锤子或套筒扳动手柄；④工件必须放正夹紧，手柄朝下；⑤工件超出钳口部分过长时，要加支撑，装卸工件时，还要防止工件掉落伤人。

（5）维护：及时对台虎钳夹具的紧固螺栓进行检查，防止松动；台虎钳上的相关滑动表面需要定期加入润滑油润滑，还要保持清洁。

（a）　　　　　　　　　　　　　　　（b）

图 1-4　不锈钢工作台和回转式台虎钳

（a）不锈钢工作台；（b）回转式台虎钳

3. 钻床

（1）材质：刀具一般采用工具钢或合金工具钢。

（2）作用：通过钻头的旋转与垂直方向运动，对工件进行孔加工。钻床结构简单，加工精度不高，可钻通孔、盲孔等。

（3）分类：可分为台式钻床、立式钻床、摇臂式钻床等，如图 1-5 所示，本技能实训常采用台式钻床。

① 台式钻床是一种小型钻床，简称台钻，通常安装在钳工作业台上，是钳工最常用的钻孔设备之一，一般应用于中、小零件的加工，钻孔直径一般在 13 mm 以下，进给运动由手动完成。台式钻床的头架可沿立柱上下移动以及水平方向做圆周移动，以方便调整工件的钻孔位置，但当钻头开始工作后，工件固定不动，头架只能进行垂直方向的移动。

② 立式钻床是一种中型钻床，其主轴沿竖直布置，并且中心位置固定，简称立钻。立钻主要应用于机械制造厂中、小零件的批量加工。当钻头开始工作后，工件固定不动，钻头沿着主轴只能进行垂直方向的移动。

③ 摇臂式钻床是一种大型钻床，其摇臂可以沿主轴做回转和升降运动，同时摇臂上的主轴箱还可以进行前进和后退运动，简称摇臂钻。对于许多中大型零件，由于其在钻孔对准的过程中不方便移动，而摇臂钻床操作灵活、方便的特性很好地解决了这个问题，因此广泛应用于机械加工车间。

（4）台钻的命名规则：台钻的型号多用字母"Z"和其他字母、数字组成，其中"Z"代表钻床，中间的字母或数字一般代表机型，后两位或一位数字一般代表最大钻孔直径，如本技能实训常采用台式钻床型号为Z516，"Z"表示钻床，"5"为立式结构机床，"16"为最大钻孔直径 16 mm。

（5）台钻的维护：台钻的维护主要分为外保养（无油污，无锈蚀）、传动系统保养（皮带松紧程度）、电器保养（电机良好，紧固件良好）、轴承保养（需润滑）四部分。

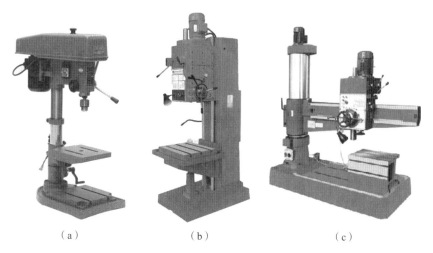

（a）   （b）   （c）

图 1-5　钻床的种类

（a）台式钻床；（b）立式钻床；（c）摇臂式钻床

4. 砂轮机

（1）作用：主要用于刃磨刀具等工具，也用于对表面粗糙度要求不高的小零件进行磨削、去毛刺及清理等工作。

（2）砂轮片材质：按所用磨料可分为普通磨料（树脂、刚玉和碳化硅等）砂轮和超硬磨料（金刚石和立方氮化硼等）砂轮。

①树脂砂轮：用于抛光、磨削、切割不锈钢、有色金属、钢铁等材料；

②刚玉砂轮：棕刚玉砂轮适合磨削碳钢、合金钢、可锻铸铁、硬青铜等材料，而白刚玉砂轮适合磨削精密淬火钢、高速钢、高碳钢及薄型零件；

③碳化硅砂轮：用于加工易热处理的高温合金、硬质合金、玻璃钢等材料；

④金刚石砂轮：用于加工各种硬质材料，如玻璃、陶瓷、石灰石等；

⑤立方氮化硼砂轮：用于磨削各种高速钢、工具钢、高合金淬硬钢、铬钢、镍合金、粉末冶金钢和高温合金等温度高、硬度高、热传导率低的材料。

（3）分类：可分为台式砂轮机、立式砂轮机、手持式砂轮机、悬挂式砂轮机、软轴式砂轮机等。本技能实训常采用台式砂轮机，台式砂轮机砂轮片采用刚玉材料，如图 1-6 所示。

图 1-6　台式砂轮机

（4）操作规程：①砂轮机的防护罩必须完备牢固，保护罩未装妥时或砂轮机与防护罩之间有杂物时，请勿开动机器；②砂轮机轴晃动或砂轮因长期使用磨损严重时，不准使用；③新装砂轮开动后，人离开其正面后空转 15 分钟，已装砂轮开动后，人离开正面使其空转 3 分钟，待砂轮机运转正常时，方能使用；④禁止两人同时使用同一砂轮，更不准在砂轮的侧面磨削，勿将操作物过度挤压在砂轮上，以防砂轮崩裂，发生事故；⑤砂轮不准沾水，要保持干燥，以防沾水后失去平衡，发生事故；⑥对于不好拿的工件，不准在砂轮机上磨削，特别是小工件要拿牢，以防发生事故。

（5）维护：①主要装置和台钻的维护方式保持一致；②需额外对砂轮机的防护罩和砂轮进行检查，若防护罩或砂轮出现破损须及时更换；③新砂轮安装前，请先检查砂轮外观有无瑕疵，用木锤轻敲，需声响清澈，如声音破哑则勿使用；④换砂轮上的螺栓时要均匀用力，安装时勿用铁锤敲打，勿用力将砂轮装在心轴上或改变其中心孔尺寸。

四、钳工常用量具简介

用来测量、检验零件及产品形状的工具叫作量具。为了保证加工出来的零件符合要求，在加工过程中需要对工件进行测量，并对已经加工完的零件进行检验，这就需要根据测量的内容和精度要求选用适当的量具。

钳工常用的量具种类很多，根据其用途和特点不同，可以分为以下几类。

（1）万能量具：这类量具一般都有刻度，在其测量范围内可以直接测出零件和产品形状的具体尺寸，如游标卡尺、千分尺、百分表和万能角度尺等。

（2）专用量具：这类量具不能测量出实际尺寸，只能测定零件和产品的形状、尺寸是否合格，如塞规、卡规、厚薄规等。

（3）标准量块：这类量具只能制成某一固定尺寸，通常用来校对和调整其他量具，也可以作为标准与被测量件进行比较，如量块、角度量块。

1. 万能量具

（1）游标卡尺：一种测量长度、内外径、深度的量具，一般常用精度为0.1 mm。游标卡尺由主尺和附在主尺上能滑动的游标两部分构成。若从背面看，游标是一个整体。深度尺与游标尺连在一起，可以测槽和筒的深度。如图1-7所示，游标卡尺可分为普通游标卡尺、数显游标卡尺和表式游标卡尺。游标卡尺的具体测量和读数方法在后续模块中进行学习。

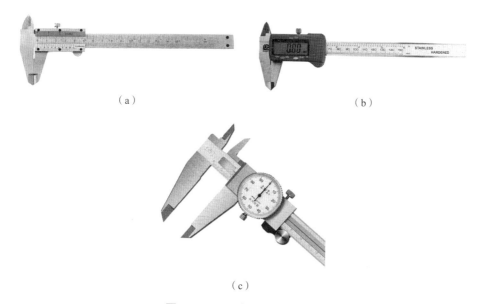

（a）　　　　　　　　　　　　　　　（b）

（c）

图 1-7　不同类型的游标卡尺
（a）普通游标卡尺；（b）数显游标卡尺；（c）表式游标卡尺

（2）千分尺：又称螺旋测微器、螺旋测微仪、分厘卡，是比游标卡尺更精密的测量长度的工具，其精度可达0.01 mm，测量范围为几个厘米，其结构如图1-8所示。千分尺是依据螺旋放大的原理制成的，即螺杆在螺母中旋转一周，螺杆便沿着旋转轴线方向前进或后退一个螺距的距离。千分尺中螺纹的螺距为0.5 mm，螺母上可动刻度分为50等份，即螺母旋转一周，螺杆可前进或后退0.5 mm。因此换算可得，旋转每个小分度，相当于螺杆前进或后退0.01 mm。由此可见，螺母上的每一小分度表示0.01 mm，并且还能再估读一位，可读到毫米的千分位，故名千分尺。

如图1-9所示，千分尺按用途可分为外径千分尺和内径千分尺等。

笔记

① 测量方法：根据被测工件的特点、尺寸大小和精度要求选用合适的类型、测量范围和分度值，一般测量范围为 25 mm。如要测量 20±0.03 mm 的尺寸，可选用 0 ～ 25 mm 的千分尺。测量前，先将千分尺的两个测头擦拭干净再进行零位校对。测量时，被测工件与千分尺要对正，以保证测量位置准确。使用千分尺时，先调节微分套筒，使其开度稍大于所测尺寸，测量时可先转动微分套筒，当测砧、测微螺杆端面与被测工件表面即将接触时，应旋转测力装置（棘轮），听到"吱吱"声即停，不能再旋转微分套筒。

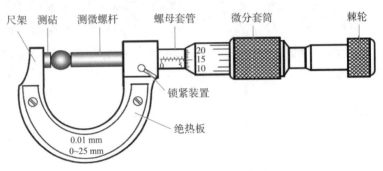

图 1-8　千分尺的结构示意图

② 读数方法：读数时，要正对刻线，看准对齐的刻线，正确读数；应特别注意观察固定套管上中线之下的刻线位置，防止误读。此外，严禁在工件的毛坯面、运动工件或温度较高的工件上进行测量，以防损伤千分尺和影响测量精度；千分尺使用完毕应擦净上油，放入专用收纳盒内，置于干燥处。

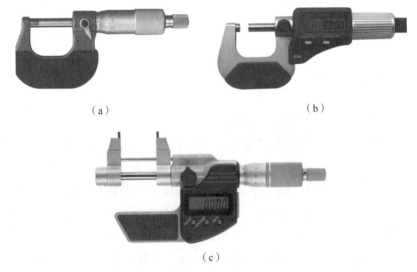

图 1-9　不同类型的千分尺

（a）机械外径千分尺；（b）电子外径千分尺；（c）电子内径千分尺

（3）百分表：一种指示类量具，主要用来测量工件的尺寸、形状和位置误差，也可用于检验机床的几何精度或调整工件的装夹位置偏差。百分表的测量范围一般有 0 ～ 3 mm，0 ～ 5 mm 和 0 ～ 10 mm。按制造精度不同，百分表可分为 0 级、1 级和 2 级。其结构如图 1-10 所示。

　　例如，百分表的测量精度为 0.01 mm。测量时，测量杆被推向管内，测量杆移动的距离等于小指针（粗读指针）的读数（测出的整数部分）加上大指针（精读指针）的读数（测出的小数部分）。

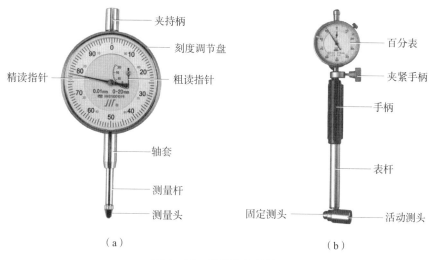

（a）　　　　　　　　　　　　　　　　（b）

图 1-10　百分表的结构

（a）内径百分表；（b）外径百分表

　　（4）万能角度尺：又称角度规、游标角度尺和万能量角器，是利用游标读数原理来直接测量工件角或进行划线的一种角度量具。万能角度尺适用于机械加工中的内、外角度测量，可测 0° ～ 320° 外角及 40° ～ 130° 内角。其结构如图 1-11 所示。

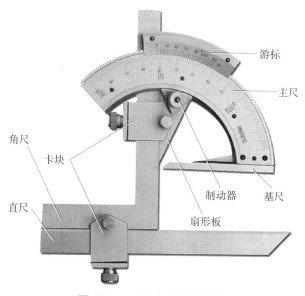

图 1-11　万能角度尺的结构

笔记

万能角度尺主尺上刻线每格为1°，游标上的刻线共有30格，平分尺身的29°，则游标上每格为29°/30，尺身与游标每格的差值为2'，即万能游标量角器的测量精度为2'。

①测量方法：测量时应该先校对零位，将角尺、直尺、主尺组装在一起，且角尺的底边及基尺均与直尺无间隙接触，此时主尺与游标的"0"线对准。调整好零位后，通过改变基尺、角尺、直尺的相互位置，可测量0°～320°范围内的任意角度。用万能角度尺测量工件时，应根据所测角度范围组合量尺。

②读数方法：万能角度尺的读数方法同游标卡尺相似，先读出游标上零线以左的整度数，再从游标上读出第 n 条刻线（游标零线除外），其刻线与尺身刻线对齐，则角度值的小数部分为$(n \times 2')$，将两次数值相加即为实际角度值。

万能角度尺的测量范围调节：

0°～50° 范围：由直尺+角尺+尺身进行组合；

50°～140° 范围：由直尺+尺身进行组合；

140°～230° 范围：由角尺+尺身进行组合；

230°～320° 范围：由尺身本身进行调节。

2. 专用量具

（1）塞规：用来检验工件内径尺寸的量具，如图1-12（a）所示。

塞规有两个测量面：小端尺寸按工件内径的最小极限尺寸制作，在测量内孔时应能通过，称为通规；大端尺寸按工件内径的最大极限尺寸制作，在测量内孔时应通不过，称为止规。

用塞规检验工件时，如果通规能通过且止规不能通过说明该工件合格。二者缺一不可，否则，即是不合格。

（2）卡规：用来检验轴类工件外圆尺寸的量规，如图1-12（b）所示。

卡规有两个测量面：大端尺寸按轴的最大极限尺寸制作，在测量时工件应通过轴颈，称为通规；小端尺寸按轴的最小极限尺寸制作，在测量时工件应通不过轴颈，称为止规。

（a）   （b）

图1-12 塞规和卡规

（a）塞规；（b）卡规

用卡规检验轴类工件时，如果工件能通过通规且不能通过止规，说明该工件的尺寸在允许的公差范围内，是合格的。二者缺一不可，否则，即是不合格。

（3）厚薄规：由若干片不同厚度薄钢片制成的规片（尺）组成。厚薄规主要用来检查两结合面之间的缝隙，所以也称为"塞尺"或"缝尺"。在每片规片上都标注有其厚度为多少毫米，如图 1-13 所示。

厚薄规具有两个平行的测量平面，其长度一般为 50 mm、100 mm 或 200 mm。测量厚度规格为 0.03 ～ 0.1 mm 的厚薄规，中间每片相隔 0.01 mm；测量厚度规格为 0.1 ～ 1 mm 的厚薄规，中间每片相隔 0.05 mm。

使用厚薄规时，应根据间隙的大小选择厚薄规的片数，可用一片或数片重叠在一起插入间隙内。厚度小的规片很薄，容易弯曲和折断，插入时不能用力太大。厚薄规用后应擦拭干净及时叠合起来放在夹板中。

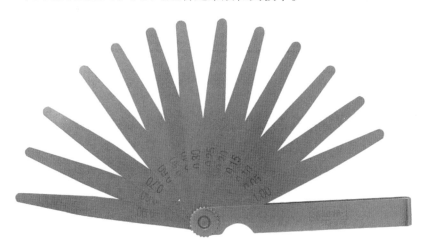

图 1-13　厚薄规

3. 标准量块

（1）量块：机械制造中长度测量的标准量具。量块主要用作尺寸传递系统中的标准量具，或在相对法测量时作为标准件调整仪器的零位（如游标卡尺、千分尺），也可以用于精密划线和精密机床的调整，若量块和附件并用，还可以测量某些高精度的工件尺寸。

量块是用不易变形、耐磨性好的材料（如铬锰钢）制成，其形状为长方体，它有两个工作面和四个非工作面。工作面是一对平行且平面度误差极小的平面，工作面又称测量面。量块一般都做成多块一套，装在木盒内，如图 1-14 所示。

（2）角度量块：角度检测中的标准量具，如图 1-15 所示。角度量块可用来检定、调整测角仪器（如万能角度尺）或作为量具校对角度样板，也可以直接用于检验高精度的工件。

笔记

笔记

图 1-14　量块

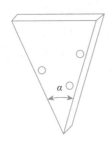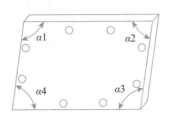

图 1-15　两种不同类型的角度量块

五、职业道德规范及钳工职业等级

1. 职业道德规范

随着社会经济的不断发展，市场竞争的不断加剧，社会和用人单位对大学毕业生的要求也越来越高，学生不仅要掌握必备的工作技能，还需要具备一定的职业道德规范素养。职业道德是社会道德体系的重要组成部分，一方面它具有社会道德的一般作用，另一方面它又具有自身的特殊作用，即调节工作交往中从业人员内部以及从业人员与服务对象间的关系。

职业道德体现从业人员对所从事职业的态度、价值观和道德观，它包括职业道德意识、职业道德行为规范和职业守则。

为帮助学生在学校和企业中正确处理生活、工作中的人际关系，并培养学生正确的职业道德观，本教材附录Ⅱ中整理并列出了部分企业的职业道德规范及钳工岗位责任供学生了解与学习。

2. 钳工职业等级

根据国家规定要求，钳工工种需持证上岗，因此需要具备相应的等级证书。钳工职业共设五个等级，分别为初级（国家职业资格五级）、中级（国家职业资格四级）、高级（国家职业资格三级）、技师（国家职业资格二级）、高级技师（国家职业资格一级），依次获得的钳工证分别为：钳工初级证、钳工中级证、钳工高级证、钳工技师证、钳工高级技师证。

　　每一个等级的申报都有相应的条件，并需要通过统一的职业资格鉴定考试。鉴定方式分为理论知识考试和技能操作考核。理论知识考试采用闭卷笔试方式，其时间一般不少于 120 min；技能操作考核采用现场实际操作方式，其时间为 120～360 min。理论知识考试和技能操作考核均实行百分制，成绩皆达 60 分以上者为合格。其中，技师、高级技师鉴定还须进行综合评审。

学思践悟

　　中国兵器淮海工业集团有限公司十四分厂工具钳工、中国兵器首席技师、"三晋工匠"年度人物、全国劳动模范周建民（图1-16）不借助任何机器设备，全凭手感就能感知头发丝六十分之一的细微差别。"我的工作就是跟毫厘较劲。"周建民说。

　　追梦：1982 年，19 岁的周建民以技校专业课第一的成绩考入当时的淮海工业集团——惠丰机械厂。作为全校第一名，周建民有一个"特权"，就是可以优先选择在哪个车间工作、学习哪个工种。周建民回忆说："我想都没想就选了工模具车间，这个车间工人的技术水平是全厂公认最高的。"

图 1-16　大国工匠——周建民

　　在干活的时候，周建民喜欢不断琢磨思考。他想："这些每天接触的零配件，一直都靠人工打磨，能不能借助机器实现更快更好的生产？这样既提高了效率，也能解放更多的人力去干别的事情。"为了实现这个目标，周建民晚上下班回到家就仔细研读相关书籍。一张张笔记的勾画、一次次实验的积累，终于让周建民成功摸索出提高零件生产效率的办法——周建民专用量规高效加工检测法。在反复探索中，周建民成了"技术大拿"，先后总结提炼出"三要诀加工法""冷热配合法""基准转换法"等工作方法，并被淮海工业集团命名为"周建民操作法"，这在山西军工行业还是第一次。

　　极致：工作中，周建民对尺度的要求是精益求精。一次，公司生产调度找到周建民，说有个重点项目的量具部件太薄，让他想想办法。周建民发现这个量具加工部件较薄，间隙脆弱，数控切削很容易导致变形，就提出用纯手工加工，并把重点放在解决部件变形上。"这对手的力度感和稳定性要求很高，稍不准确就会导致量具变形报废。"周建民说，"既要保证尺寸、对称度，又要把握一丝一毫的细节变化。"周建民凭借多年练就的力度感和稳定性，开始尝试对量具进行手工研磨。两天后，周建民加工出的量具一次性通过精密检测。几百万元的高精密进口设备干不了的活，就这样被他用双手"拿下"了。

进厂至今，周建民共完成 1.6 万余套专用量具，没有出现一次质量问题，成为山西省荣获"中国质量奖"个人提名奖的第一人。正是这种对极致的追求，让他创造了精度达到头发丝六十分之一的"周氏精度"。参加工作 40 年来，他一共完成 1.5 万余项专用量规生产制造任务，工艺创新项目 1100 余项，累计为公司创造价值 3100 余万元，获得实用新型专利 13 项，发表论文 15 篇，周建民也被誉为"为导弹制造标准的人"。

传承："老兵工人没有条件创造条件也要上，如今，我们拥有更好的条件，更要做精做细。"这是周建民常说的一句话。在追求极致的路上，40 载的时光已然从他的指尖滑过。现如今，他又有了新的目标——将自己的技艺传承下去。

"不仅需要技能人才，未来我们还需要更多的'大师'。"周建民说。在他的带领下，淮海工业集团先后涌现出 10 个技能大师工作室。近年来，周建民培养出了包括中央企业劳动模范、三晋技术能手、山西省级技能大师工作室带头人、山西省五一劳动奖章获得者等在内的 20 余名高技能人才。

（来源：工人日报，2022 年 3 月 16 日，有删改）

🔍 任务练习

一、选择题

1. 台虎钳的规格是以钳口的（　　）表示的。
   A. 长度　　　　　　　　　　B. 宽度
   C. 高度　　　　　　　　　　D. 夹持尺寸

2. 台虎钳夹紧工件时，只允许（　　）手柄。
   A. 用手锤敲击　　　　　　　B. 用手扳
   C. 套上长管子扳　　　　　　D. 两人同时扳

3. 碳化硅砂轮适用于刃磨（　　）刀具。
   A. 合金工具钢　　　　　　　B. 硬质合金
   C. 高速钢　　　　　　　　　D. 碳素工具钢

4. 下列不属于职业道德的内容是（　　）。
   A. 职业道德意识　　　　　　B. 职业道德行为规范
   C. 从业人员享有的权利　　　D. 职业守则

5. 职业道德的实质内容是指（　　　　）。

　　A. 改善个人生活　　　　　　　　　B. 增加社会的财富

　　C. 树立全新的社会主义劳动态度　　D. 增强竞争意识

6. 职业道德不体现（　　　　）。

　　A. 从业人员对所从事职业的态度　　B. 从业者的工资收入

　　C. 价值观　　　　　　　　　　　　D. 道德观

7. 下列不属于职业道德基本规范的是（　　　　）。

　　A. 爱岗敬业　忠于职守　　　　　　B. 诚实守信　办事公道

　　C. 发展个人爱好　　　　　　　　　D. 遵纪守法　廉洁奉公

8. 职业道德基本规范不包括（　　　　）。

　　A. 爱岗敬业　忠于职守　　　　　　B. 服务群众　奉献社会

　　C. 搞好与他人的关系　　　　　　　D. 遵纪守法　廉洁奉公

9. 具有高度责任心应做到（　　　　）。

　　A. 方便群众　注重形象　　　　　　B. 光明磊落　表里如一

　　C. 不徇私情　不谋私利　　　　　　D. 工作精益求精　尽职尽责

10. 下列选项中，违反操作规程的是（　　　　）。

　　A. 自己制订生产工艺　　　　　　　B. 贯彻安全生产规章制度

　　C. 加强法制观念　　　　　　　　　D. 执行国家安全生产的法令和规定

11. 下列属于违反安全操作规程的是（　　　　）。

　　A. 严格遵守生产纪律　　　　　　　B. 遵守安全操作规程

　　C. 执行国家劳动保护政策　　　　　D. 使用不熟悉的机床和工具

12. 下列不属于爱护设备的做法是（　　　　）。

　　A. 定期拆装设备　　　　　　　　　B. 正确使用设备

　　C. 保持设备清洁　　　　　　　　　D. 及时保养设备

13. 下列不属于维护爱护卡具、刀具、量具等工具的做法是（　　　　）。

　　A. 正确使用卡具、刀具、量具等工具

　　B. 卡具、刀具、量具等工具要放在规定地点

　　C. 随时拆装卡具、刀具、量具等工具

　　D. 按规定维护卡具、刀具、量具等工具

14. 游标卡尺是一种（　　　　）的量具。

　　A. 中等精度　　　　　　　　　　　B. 精密

　　C. 较低精度　　　　　　　　　　　D. 较高精度

15. 用百分表测量时，测量杆应预先压缩 0.3～1 mm，以保证一定的初始测量力，以免（　　　　）测量不出来。

　　A. 尺寸公差　　　　　　　　　　　B. 形状公差

　　C. 尺寸　　　　　　　　　　　　　D. 负偏差

笔记

笔记

二、判断题

(　　) 1. 用精度为 0.02 mm 的游标卡尺可以读出 12.65 mm 的长度。

(　　) 2. 百分表盘面上有长短两个指针，短针一格表示 1 mm。

(　　) 3. 一般工件材料的硬度越高则越耐磨。

(　　) 4. 洛氏硬度的符号用 HB 表示。

三、简答题

1. 用台虎钳夹紧工件时应注意哪些问题？

2. 使用砂轮机时应注意哪些事项？

四、拓展题

1. 通过查找图书资料或网络资料等方式，了解钳工职业的发展历程。

2. 通过自学的方式，进一步了解钳工各种常用工具的测量方法。

模块二

锉　削

适用专业：		适用年级：一年级	
任务名称：锉削		任务编号：2-1	
姓名：	班级：	日期：	实训室：
任务下发人：		任务执行人：	

任务导入

根据图 2-1 所示的机用虎钳，思考下列三种场景，作为钳工的我们应该如何处理呢？

场景一：现在要根据新设计的机用虎钳图纸进行零件生产和装配，但其中涉及许多非标零件，如按设计图纸加工出零件后，圆柱销与圆环尺寸出现过盈量过大的问题，导致圆柱销无法正常装入圆环和螺杆轴的孔中，此时如何在保证效率的同时，正常对机器零件进行装配呢？

场景二：活动钳身加工出来后许多倒角、凹槽部分出现较多毛刺，同时部分未加工表面粗糙度达不到图纸要求，此时怎么解决这些问题？

场景三：机用虎钳夹口位置的护口板由于不断地装卸工件导致磨损，后续出现装夹工件不平稳的现象，试问如何在不更换新护口板的情况下对护口板进行整修？

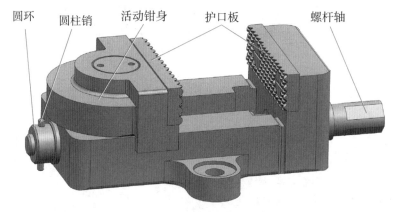

圆环　　圆柱销　　活动钳身　　护口板　　螺杆轴

图 2-1　机用虎钳

学习目标

知识目标

（1）掌握锉削的步骤及安全作业要求。

（2）掌握工件的尺寸测量方法及表面质量的检查方法。

能力目标

（1）能根据图纸尺寸公差要求对工件进行锉削。

（2）能根据图纸形位公差要求及表面粗糙度要求判断锉削的工件是否达到标准。

素质目标

（1）培养吃苦耐劳、一丝不苟的学习和工作精神。

（2）树立正确的职业价值观。

任务实训

一、任务描述

（1）掌握锉削的方法和要点。

（2）掌握平面锉削时的站立姿势和动作要领。

（3）掌握工件尺寸的测量方法。

（4）根据图纸（图2-2）进行锉削练习。

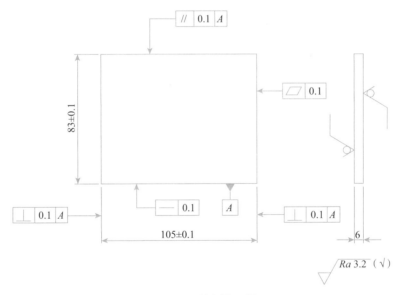

图2-2 锉削练习图

工件的原始尺寸为108 mm×86 mm，其锉削路线如下。

长：108 mm → 107±0.1 mm → 106±0.1 mm → 105±0.1 mm。

宽：86 mm → 85±0.1 mm → 84±0.1 mm → 83±0.1 mm。

此外，注意保证工件的形位公差和表面粗糙度符合要求。

二、相关资料和工具

1. 相关资料

①教学课件；②钳工技能实训；③钳工中级工职业标准；④现代企业6S管理制

度及其操作要求；⑤钳工安全生产操作规程。

2. 相关工具

①砂轮机；②划线平台；③钳工常用划线工具；④淡金水；⑤其他钳工常用量具等工具。

三、任务实施

1. 任务实施说明

（1）学生分组：每小组 4 人。

（2）资料学习：学生学习相关资料，并总结出要点。

（3）任务分析：针对课程目标，总结出任务实施过程的重点和难点。

（4）现场教学：①教师将重要知识点和操作要求进行讲解；②教师进行相关操作的实际示范。

（5）小组实施：小组讨论确定任务实施步骤后，开始实施任务，教师巡回指导。

（6）工件成果分析。

2. 任务实施注意点

（1）各种锉刀的选用。

（2）游标卡尺的使用。

（3）注意锉削安全操作。

（4）锉削平面的质量检查。

（5）遇到问题时小组进行讨论，可让教师参与讨论，通过团队合作获取问题的答案。

（6）注意 6S 意识的培养。

四、心得体会

根据实训任务的内容，谈一谈你的学习 / 实训体会。

五、任务评价

课题	考核项目	配分	考核点	评分标准	实测	得分	合计
锉削	作品 （80分）	4	站立姿势	姿势正确			
		4	握锉刀姿势	姿势正确			
		4	锉削动作	动作自然、协调			
		10	105 ± 0.1	超差0.01扣2分			
		10	83 ± 0.1	超差0.01扣2分			
		3	平行度0.1	超差无分			
		12	平面度0.1（4处）	超差无分			
		12	直线度（4处）	超差无分			
		6	垂直度0.1（2处）	超差无分			
		12	表面粗糙度 Ra 3.2（4处）	1处超差扣3分			
		3	去除毛刺、倒棱 C 0.3	毛刺未去，酌情扣分			
	职业素养 （20分）	10	遵守操作规程，安全文明生产	量具等工具使用不规范1次扣2分			
		10	练习过程及结束后的6S考核	工作服未按要求穿戴扣2分，练习结束未打扫卫生扣5分			

知识链接 >

一、锉刀

1. 锉刀的简介

锉刀，一般由T12或T13钢经热处理后制得，切削部分的硬度达HRC62～72。锉刀由锉身和锉柄构成，锉身上有用于加工表面的主锉纹、辅锉纹和边锉纹，如图2-3所示。锉身表面具有排列规整的条形刀齿，主要用于对金属、木料、皮革等表层进行微量加工，可简称为锉，在本钳工实训课程中，锉刀用于金属材料的微量加工。

锉削，是钳工中最基本的操作，即利用锉刀从工件表面锉掉多余的金属，对工件表面进行加工的操作，多用于锯切或錾削（凿削）之后。使用粗锉刀、细锉刀和光锉刀所加工出的表面粗糙度分别可达 25 ～ 12.5 μm、6.3 ～ 3.2 μm 和 1.6 ～ 0.8 μm，最高尺寸公差精度可达 0.01 mm。

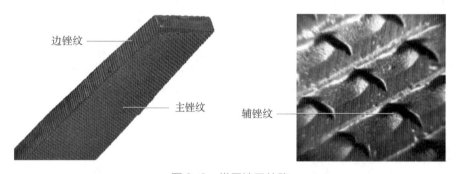

边锉纹　主锉纹　辅锉纹

图 2-3　常用锉刀纹路

2. 锉刀的分类

锉刀的粗细，是以每 10 mm 长锉面上的锉齿齿数来划分，锉齿齿数越多，锉刀越细，锉出的工件表面越光滑。根据锉刀单位长度上锉齿齿数的不同可分为粗锉刀（4 ～ 12 齿）、细锉刀（13 ～ 24 齿）和光锉刀（30 ～ 40 齿，光锉刀又称油光锉，只用于最后修光表面）。

（1）锉刀按锉纹可分为单齿纹和双齿纹两种。

①单齿纹是指锉刀上只有一个方向的齿纹，适用于锉削软材料。

单齿纹锉刀加工工艺常采用铣齿加工。其正前角切削，齿的强度弱，需全齿宽同时参与切削，锉除的切屑不易碎断，甚至与锉刀等宽，故切削阻力大，需要较大切削力，因此只适用于锉削软材料及窄面工件。

②双齿纹是指锉刀上有两个方向排列的齿纹。适用于锉削硬材料。

双齿纹锉刀加工工艺常采用剁齿加工，即在用钢材轧制成各种形状锉坯的锉身工作面上，沿轴线方向有规律地剁出数条锋利的刃口纹路。其先剁上去的为底齿纹（即辅锉纹，齿纹浅，与锉刀中心线组成的夹角约为45°，主要起分屑作用），后剁上去的为面齿纹（即主锉纹，齿纹深，与锉刀中心西线组成的夹角约为65°，主要起切削作用）。面齿纹和底齿纹的方向和角度不一样，这样形成的锉齿，沿锉刀中心线方向形成倾斜且有规律的排列。锉削时，每个齿的锉痕交错而不重叠，锉面比较光滑。锉削时切屑是碎断的，从而减小了切削阻力，使锉削省力。锉齿强度也高，因此双齿纹锉刀适于锉削硬材料及宽面工件。

（2）锉刀按用途可分为普通锉、特种锉和整形锉（什锦锉）三类，每一类又可分为不同的锉刀形状。

①普通锉按锉刀断面的形状又分为平锉、半圆锉、方锉、三角锉和圆锉五种，如图2-4所示。

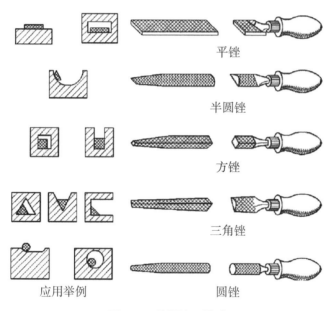

平锉

半圆锉

方锉

三角锉

应用举例   圆锉

图2-4 普通锉刀样式

平锉用来锉平面、外圆面和凸弧面，这也是钳工技能实训中应用最多的锉刀之一；半圆锉用来锉凹弧面和平面；方锉用来锉方孔、长方孔和窄平面；三角锉用来锉内角、三角孔和平面；圆锉用来锉圆孔、半径较小的凹弧面和椭圆面。

②特种锉用来锉削零件的特殊位置、特殊形面，它的加工部位一般都在工件的深凹、狭窄、短小、倾斜等不易加工的位置。因此特种锉刀大小、形状、锉面与柄部的相对角度、锉齿粗细等方面均应符合特殊条件的要求。一般按形状可分为直形和弯形两种，如图2-5（a）所示。

③整形锉（什锦锉）适用于修整工件的细小部位，一套整形锉由许多各种断

钳工技能实训

笔记

面形状的锉刀组成，根据工作需要，选择合适的类型。整形锉根据截面形状分为：齐头扁锉、尖头扁锉、三角锉、方锉、圆锉、单面三角锉、刀形锉、双半圆锉、椭圆锉、圆边扁锉、圆边尖扁锉 12 种，整形锉如图 2-5（b）所示。

此外，锉刀按齿纹可分为单齿纹锉刀和双齿纹锉刀；按工作部分的长度可分为 100 mm、150 mm、200 mm、250 mm、300 mm、350 mm、400 mm 等七种。

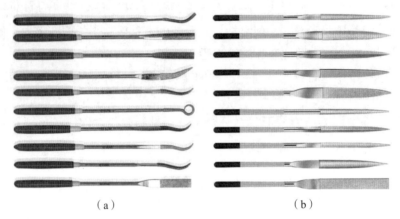

（a）   （b）

图 2-5　特种锉刀及整形锉刀样式

（a）特种锉；（b）整形锉

3. 锉刀的选用

合理选用锉刀，对保证加工质量，提高工作效率和延长锉刀寿命有很大的帮助。

一般锉刀的选择原则是：①根据工件形状和加工面的大小选择锉刀的形状和规格；②根据材料软硬、加工余量、精度和表面粗糙度的要求选择锉刀齿纹的粗细。

4. 锉刀的握法

锉刀的基本握法：用右手握锉柄，柄端顶住掌心，大拇指放在柄的上部，其余手指由下而上满握锉柄。此时，左手的握锉姿势有两种，一种是将左手拇指肌肉压在锉刀头上，中指、无名指捏住锉刀前端；另一种是将左手掌斜压在锉刀前端，各指自然放平，如图 2-6 所示。

不同大小的锉刀，其握法也稍有不同，如图 2-7 至图 2-10 所示，掌握正确握持锉刀的方法有助于提高锉削质量。

（1）大锉刀的握法：和锉刀基本握法类似，右手心抵着锉柄的端头，大拇指放在锉柄上面，其余四指弯在锉柄下面，配合大拇指捏住锉柄，左手则根据锉刀的大小和用力的轻重，可有多种姿势。

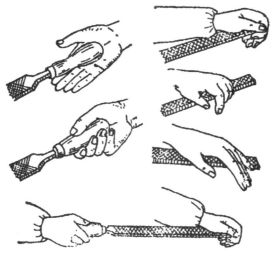

图 2-6　锉刀的基本握法

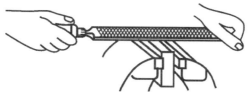

图 2-7　大锉刀的握法

（2）中锉刀的握法：右手握法大致和大锉刀握法相同，但此时左手用大拇指和食指捏住锉刀的前端较适宜。

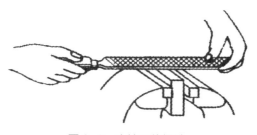

图 2-8　中锉刀的握法

（3）小锉刀的握法：右手食指伸直，拇指放在锉柄上面，食指靠在锉刀的刀边，左手几个手指压在锉刀中部。

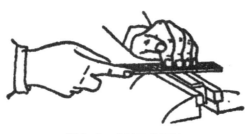

图 2-9　小锉刀的握法

（4）更小锉刀（什锦锉）的握法：一般只用右手拿着锉刀，食指放在锉刀上面，拇指放在锉刀的左侧。

图 2-10　什锦锉刀的握法

二、锉削

1. 工件的夹持

（1）夹在虎钳中部。

（2）露出钳口的高度为 10 ～ 20 mm。

（3）工件锉削面要保证水平。

（4）台虎钳夹紧力要适当。同时，在夹持已加工表面时，应在钳口与工件之间加垫铜皮或铝皮，防止损坏已加工表面。

2. 锉削时的站立姿势

如图 2-11 所示，身体与台钳钳口中心线大致成 45° 角，且略向前倾约 10° 左右，左脚跨前半步，脚面中心线与台虎钳钳口中心线成 30° 角，右脚脚面中心线与台虎钳中心线成 75° 角，左右两脚后跟之间的距离 250 ～ 300 mm。此时，重心落在左脚上，左脚膝盖处微有弯曲，保持自然放松状态，右腿要站稳伸直，不要过于用力。

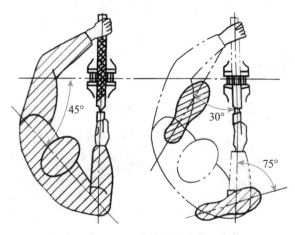

图 2-11　锉削时的站立步位和姿势

3. 锉削时的动作要领

锉削时，右手用力推动锉刀，并控制锉削方向，左手使锉刀保持水平位置，并在回程时消除压力或稍微抬起锉刀。如图2-12 所示，锉削平面时，为保证锉刀平稳运动，双手的用力情况是不断变化的，可简单概括为，右手压力随锉刀推动而增加，左手压力减小，回程时锉刀离开工件表面以减小锉刀磨耗。具体手部力量和方向的变化过程如下：

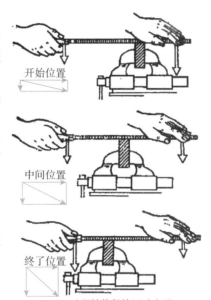

（1）起锉时，左手下压力较大，右手下压力较小。

（2）锉削中，随着左手下压力逐渐减小，右手下压力逐渐增大。

（3）锉削末，左手下压力较小，右手下压力较大。

（4）收锉时，两手没有下压力。

总之，对锉刀的总压力不能太大，因为锉齿存屑空间有限，压力太大只能使锉刀磨损加

图 2-12　锉刀及双手运动情况

快。但压力也不能过小，过小锉刀打滑，达不到切削目的。一般是以在向前推进时手上有一种韧性感为宜。

同时，如图 2-13 所示，在向前锉削的过程中，人体也需自然向前摆动，摆动幅度由小到大，再减小，和双手用力趋势保持一致。锉削速度以 40 次 /min 为宜，推出稍慢，回程稍快，动作自然协调。

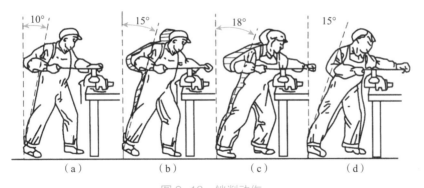

图 2-13　锉削动作

锉削口诀

两手握锉放件上，左臂小弯横向平；

右臂纵向保平行，左手压来右手推；

笔记

上身倾斜紧跟随，右腿伸直向前倾；

重心在左膝弯曲，锉行四三体前停；

两臂继续送到头，动作协调节奏准；

左腿伸直借反力，体心后移复原位；

顺势收锉体前倾，接着再做下一回。

4. 平面锉削的方法

（1）交叉锉如图 2-14（a）所示，用于粗加工。

在工件粗锉时常用的方法，是从两个交叉方向对工件进行锉削。此时，锉刀与工件的接触面较大，锉刀容易掌握平稳，从锉痕上还能判断出锉削面的高低情况，容易将平面锉平。

但交叉锉只能进行粗锉，在进行到平面将锉削完成之前，须改用顺向锉，使锉痕变为正直。

（2）顺向锉如图 2-14（b）所示，用于粗、精加工。

它是顺着同一方向对工件进行锉削的方法，锉削后可得到正直的锉痕，顺向锉后表面粗糙度较低，比较整齐美观，适用于不太大的工件和最后的精锉。

（3）推锉如图 2-14（c）所示，用于精加工。

它是用两手对称地横握锉刀，用大拇指顺着工件长度方向推锉刀进行锉削。这种方式效率较低，适用于较窄表面且已锉平、加工余量较小的情况，用来进一步修正和减少表面粗糙度。

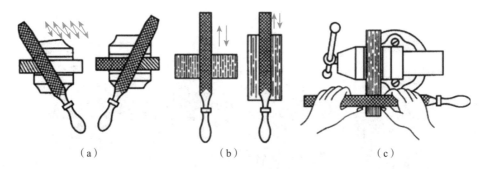

（a） （b） （c）

图 2-14　平面锉削的方法

（a）交叉锉；（b）顺向锉；（c）推锉

5. 锉配及锉配的原则

锉配也称为镶嵌，是利用锉削加工的方法使两个或两个以上的零件达到一定配合精度要求的加工方法。

锉配时应遵从以下一般性原则：

（1）凸件先加工、凹件适配加工的原则。

（2）按测量从易到难的原则加工。

（3）按中间工差加工的原则。

（4）对称性零件先加工一侧，以利于间接测量的原则。

三、锉削作业安全及锉刀的保养

1. 锉削安全操作技术

（1）锉刀放在钳台上时不得露出桌外，以免锉刀落下伤到脚。★

（2）不准使用无柄锉刀和锉柄已裂或无箍的锉刀。★

（3）锉削时柄部不能碰到工件，防止锉柄脱落造成事故。★

（4）清除锉齿中的锉屑时，应用钢丝刷顺着齿纹刷拭，不得敲拍锉刀去屑用嘴吹去锉屑或用手摸锉削表面去屑。

（5）不准将锉刀作撬棍或手锤使用。

（6）不得用细锉刀锉软金属，否则会黏塞锉齿。★

（7）使用什锦锉用力不宜过大，以免折断。

（8）不可锉坯料的硬皮及经过淬硬的工件，若遇有氧化皮、硬皮和砂粒的铸件与锻件，应先用砂轮或旧锉刀打磨，再用新锉刀锉削。

2. 锉刀的保养

（1）新锉刀应先用一面，用钝后再用另一面。

（2）充分使用锉刀的有效长度，避免锉齿局部磨损。

（3）锉刀不可沾水、油及其他脏物。

（4）锉刀用完必须及时用钢丝刷沿锉齿清除锉屑，以免生锈。

（5）锉刀不可与其他工具堆放，也不可与其他锉刀叠放，以免损坏锉齿。

四、游标卡尺

1. 游标卡尺的使用和读数方法

游标卡尺是一种测量长度、内外径、深度的量具。游标卡尺由主尺和附在主尺上能滑动的游标两部分构成。主尺一般以毫米为单位，而游标上则有 10、20 或 50 个分格，根据分格的不同，游标卡尺可分为十分度格游标卡尺、二十分度

笔记

格游标卡尺、五十分度格游标卡尺等；根据其精度可分为 0.1 mm、0.05 mm 和 0.02 mm 三种。

游标卡尺的主尺和游标上有两副活动量爪，分别是内测量爪和外测量爪，内测量爪通常用来测量内径，外测量爪通常用来测量长度和外径，而深度尺测量工件上沟槽和孔的深度，如图 2-15 所示。

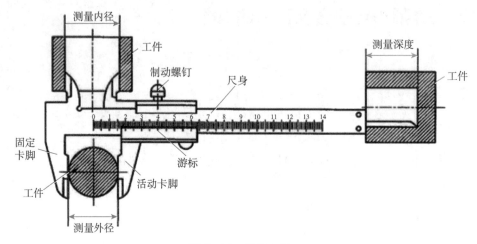

图 2-15　游标卡尺

游标卡尺的使用及读数方法：读数之前，需先确认游标和主尺身的零刻度线是否对齐。读数时，游标卡尺应水平拿取，使视线正对刻度线表面，然后按读数方法仔细辨认指示位置，以便读出，以免因视线不正，造成读数误差。

★例：如图 2-16 所示，读出读数。

（1）读出游标上零线左侧主尺上的毫米整数。

（2）看游标上哪一条刻线与主尺刻线对得最齐，读出这一格的刻度，将其乘以游标卡尺的精度，即读出小数毫米数。

（3）把尺身和游标上的尺寸加起来即为测得尺寸。

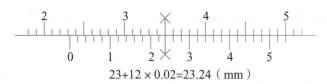

23+12 × 0.02=23.24（mm）

图 2-16　精度为 0.02 mm 的游标卡尺的读数方法

2. 游标卡尺的测量

（1）测量外尺寸：测量外尺寸时，外量爪应张开到略大于被测尺寸，以固定量爪贴住工件，用轻微压力把活动量爪推向工件，卡尺测量面的连线应垂直于被测量表面、不能偏斜。

（2）测量内尺寸：测量内尺寸时，内量爪开度应略小于被测尺寸。测量时两量爪应在孔的直径上，不得倾斜。

（3）测量孔距。

① 边心距 L_1 的测量：先测量 D_1 孔径，再测量 D_1 孔壁到基准面 A 的距离 H，计算得 $L_1=H+D_1/2$；

② 中心距 L_2 的测量：先测量 D_1、D_2 孔径，再用内量爪测量两孔壁之间的远端距离 M，计算得 $L_2=M-（D_1+D_2）/2$，如图 2-17 所示；或者，用外量爪测量两孔壁之间的近端距离 N，计算得 $L_2=N+（D_1+D_2）/2$。

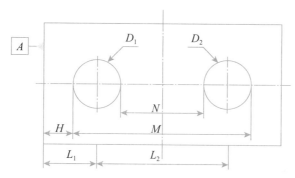

图 2-17　游标卡尺测量孔距

（4）测量深度：测量孔深或高度时，应使深度尺的测量面紧贴孔底游标卡尺的端面与被测件的表面接触，且深度尺要垂直，不可倾斜。

3. 游标卡尺的注意事项

（1）使用时小心拿好，轻拿轻放，不能摔落。

（2）使用过程中，应先拧松紧固螺钉，但不要松得过量，以免紧固螺钉脱落丢失。★

（3）在使用过程中，不要和其他工具（如锉刀、手锯、榔头等）放在一起，以免碰伤量具。★

（4）不允许把卡尺的两个测量爪当作螺钉扳手使用，或把测量爪的尖端当作划线工具使用。

（5）在使用过程中，注意主尺与副尺不能分离。

（6）测量结束时要把卡尺平放，尤其是大规格的游标卡尺更应注意，否则尺身会弯曲变形。★

（7）带深度尺的游标卡尺，用完后要把测量爪合拢，否则较细的深度尺露在外边，容易变形甚至折断。★

（8）使用完务必用布擦去卡尺表面的油污、金属屑和毛刺。★

笔记

五、锉削平面的质量检查

1. 平面度的检查

平面锉削时，根据图纸要求，常需检查其平面度。一般通过透光法、痕迹法或塞尺法来检查。

（1）透光法：如图 2-18 所示，通过钢直尺或刀口钢直尺以纵向、横向、两对角线方向，从间隙处透光的强弱程度来判定表面高低不平的程度。如果透光微弱而且均匀，则表明表面已较平直；如果透光不匀，说明表面不平整，光强处凹，光弱处凸，同时可用塞规测光缝的大小。

注意事项：使用直钢尺或刀口钢直尺检查平面度时，不得在工件表面拖动，以免影响观察精度。

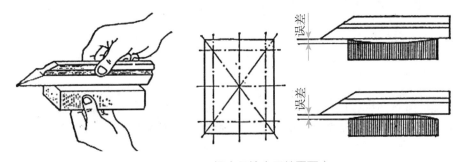

图 2-18 刀口钢直尺检查工件平面度

（2）痕迹法：先将红丹均匀涂抹在平板上，再将锉削面放在平板上，平稳地来回磨几次，若锉削面的红丹分布均匀，则表明锉削面平；若锉削面的红丹分布不均匀，则表明锉削面不平。颜色深处凸，无颜色处凹。

注意事项：在涂抹红丹时，不能涂抹得太厚，否则会影响检验效果。

（3）塞尺法：将工件的被检测面，贴合在平板上，用塞尺插入工件与平板的间隙中，检测工件的平面度。

2. 垂直度的检查

垂直度的检查可用直角尺采用透光法来检查。先选好基准面，以此基准，参考平面度的检查，在工件不同位置上对其他各面依次进行多次测量。

如图 2-19 所示，其中图 2-19（a）是以直角尺为基准，以透光法检测工件上面和右面的垂直度；图 2-19（b）是以平板为基准，以透光法检测工件左面的垂直度。

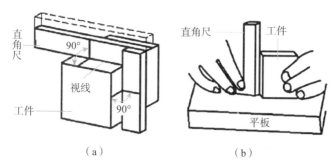

图 2-19 垂直度的检查

3. 平行度和尺寸的检查

用游标卡尺、千分尺检验平行度和尺寸时，要在工件不同位置上，多次测量以求得准确的数值。

（1）平行度的检查：确保基准面平整、干净后，将被测部件定位在检测平板上，利用百分表对被测表面的尺寸进行测量，最后得到相关尺寸数值后参照平行度要求进行判断。

（2）尺寸的检查：用游标卡尺、千分尺等工具测量尺寸时，同一尺寸一般需要取工件表面 2～3 个位置分别进行测量，取偏差值最大的尺寸作为尺寸是否合格的判断标准。

4. 表面粗糙度的检查

一般情况下，工件表面粗糙度用眼睛观察即可，也可用表面粗糙度样板进行对照检查。如需要得到精确的表面粗糙度数值，则需采用表面粗糙度测量仪进行测量。

学 思 践 悟

"我骄傲我是中国中车的员工，我是一名高铁人。小到一片人人都有的钥匙，大到一列精密复杂的高铁列车，创造它的人都应该有一颗匠心。对所坚持的、热爱的事业要专注地付出一切甚至一辈子，不因一点成就膨胀，不因任何失败沮丧。敢于挑战，就没有不可能。"在接受评委的点评与提问中，盛金龙（图 2-20）这样回答。

台上一分钟，台下十年功。2010 年，28 岁的盛金龙刚入厂被分配到风电事业部

图 2-20 盛金龙盲配钥匙

维修班，每天的主要工作就是排查整修各种机器设备，保障各项生产任务顺利完成。在 2011 年公司第一次举办的"员工技能大赛"上，这个入厂不过一年的小伙子连复赛都没能进。那时候，盛金龙就暗自发誓，一定要勤学苦练，争取下次的成功。

正是凭借着这股子不服输的精神，盛金龙主动向公司技术技能专家马建成求教，慢慢领悟技巧，然后私底下苦练，终于掌握了一手钳工绝活，并在次年的"技能比武大赛"上获得第一名。

俗话说"紧车工，慢钳工，溜溜达达是电工"，钳工讲究的是慢工出细活，练就这项绝技充分考验了一名钳工技能人才扎实的基本功——精准的观察力和娴熟的手法技术。上中央电视台挑战"蒙眼配钥匙"高难度任务，既要拼精准，又要拼速度，还要蒙眼睛，这对中车株洲电机有限公司的维修钳工盛金龙来说，是前所未有的挑战。每天早晨一上班，就能看到盛金龙在工作室训练的身影，白天、晚上一直训练到深夜 11 点。每天长达十几个小时的训练，盛金龙左手指尖早已经磨破了皮，锉刀也用坏了 40 余把，就连晚上睡觉做梦都想着训练的事，甚至会半夜爬起来思索改进的方法和诀窍。

自入厂以来，盛金龙"诊治"过的案例不计其数。盛金龙设计并制作了一套工装夹具将绕线机断裂的顶针取出，并对其薄弱部位予以改进并国产化，顺利保障了生产任务的完成。因油压机设备老旧，在加工新产品时，调整上梁到较低的位置导致涡轮螺母被挤死。盛金龙想出加装定位装置的方法，故障就彻底得到改善。盛金龙说："在我看来，没有什么困难不可逾越，只要寻找更好的方法并用心去做好。"

（来源：中国新闻网，2022 年 11 月 21 日，有删改）

任务练习

一、选择题

1. 精度为 0.02 mm 的游标卡尺，当游标卡尺读数为 30.42 mm 时，游标上的第（　　）格与主尺刻线对齐。

A. 30 　　　　　　　　　　　　B. 21

C. 42 　　　　　　　　　　　　D. 49

2. 游标高度尺一般用来（　　）。

A. 测直径 　　　　　　　　　　B. 测齿高

C. 测高和划线 　　　　　　　　D. 测高和深度

3. 圆锉刀的尺寸规格是以锉身的（　　）大小规定的。

A. 长度 　　　　　　　　　　　B. 直径

C. 半径 　　　　　　　　　　　D. 宽度

4. 锉刀通常是用碳素工具钢制成，并经热处理，常用的锉刀材料牌号是（   ）。

    A. T7 钢   B. T12 钢

    C. 45 钢   D. 60 钢

5. 锉削软材料时应使用（   ）。

    A. 粗齿   B. 中齿

    C. 细齿   D. 单齿

6. 锉削工件时，应注意锉刀的平衡，在前进（切削）过程中，后手的压力应（   ）。

    A. 逐渐增加   B. 逐渐减小

    C. 保持不变   D. 先增大后减小

二、填空题

1. 锉刀在使用时不可_____。

2. 当锉刀锉至约_____行程时，身体停止前进，两臂则继续将锉刀向前锉到头。

3. 锉配是指_____配合表面，使配合_____的达到所规定的要求。

4. 锉配时，一般先_____再_____。通常先锉_____工件，再锉_____工件。

三、判断题

（   ）1. 锉刀常用 T13A、T12A 材料制作。

（   ）2. 用带深度尺的游标卡尺测量孔深时，只要使深度尺的测量面紧贴孔底，就可得到精确数值。

（   ）3. 高度游标卡尺可专门用来测量高度和划线等。

（   ）4. 锉刀锉纹号的选择主要取决于工件的加工余量、加工精度和表面粗糙度要求。

（   ）5. 锉削时，一般锉削速度控制在 70 次 /min 左右较为适宜。

（   ）6. 削精度可高达 0.01 mm，表面粗糙度可达 0.8 μm。

（   ）7. 锉削时，为了加快速度，可以加油加水。

（   ）8. 试配锉配时，如果没有特殊要求，基本加工顺序是先加工凸件，后加工凹件。

四、简答题

1. 用外径千分尺测量工件时，应如何操作？

笔记

笔记

2. 试述锉刀的选用原则。

五、拓展题

1. 通过查找资料等方式，了解不同材料锉刀的选用原则。

2. 了解平面锉削的检测方法及其他各种量具（如游标高度尺、千分尺、百分表、检测平板等）的使用方法。

3. 查阅资料了解各种形位公差项目与符号。

4. 查阅资料了解表面粗糙度的符号和表达形式。

模块三

平面划线

适用专业：		适用年级：一年级	
任务名称：平面划线		任务编号：3-1	
姓名：	班级：	日期：	实训室：
任务下发人：		任务执行人：	

任务导入

当大家观察木工对木料进行切割时，往往只会惊叹木工的手法真稳，丝毫没有偏差，能加工出各种不同的形状等，但却没有注意木工师傅在切割木料前所做的一个重要准备工作——划线，如图 3-1 所示，只有划线准确了，加工起来才能游刃有余，这就是木工师傅耳朵上常别着一支铅笔的原因。

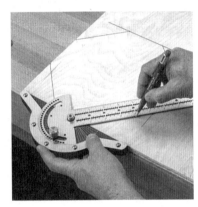

图 3-1　木工使用不同工具进行划线

那当我们钳工要对一块钢板，或者一个零件进行进一步的锯割、打孔时，我们怎么保证其精度呢？

对于表面质量较差的工件毛坯料，我们用什么方法划出需要加工的界限或定位点呢？也和木工师傅一样，采用铅笔进行划线吗？

机械加工零件的尺寸要求较高，在进行划线定位的同时，我们可以随便以任何一个面当作基准面吗？在不同位置划线时，能否任意改变定位基准呢？会不会对尺寸精度产生影响？

学习目标

知识目标

（1）了解基准面及基准面的选择标准。

（2）了解划线的作用并掌握划线的步骤。

能力目标

（1）能够根据工件及尺寸要求选择合适的划线工具。

（2）能够通过查找资料去分析划线出错的原因。

素质目标

（1）培养解决问题时的逆向思维能力。

（2）培养敢于实践、积极进取的工作态度。

任务实训

一、任务描述

（1）掌握划线工具的使用方法。

（2）掌握平面划线的方法。

（3）掌握划线的安全操作规程。

（4）根据图纸（图 3-2）进行划线练习。

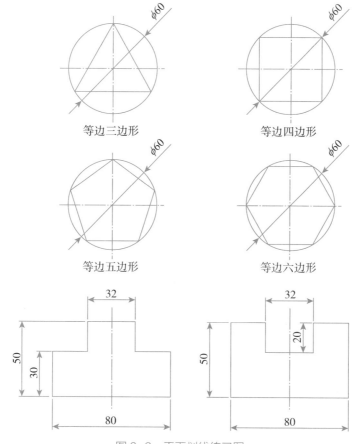

图 3-2　平面划线练习图

技术要求：①线条清晰、均匀；②形状、尺寸准确；③精度误差控制在

0.25 ～ 0.5 mm 内。

二、相关资料和工具

1. 相关资料

①教学课件；②钳工技能实训；③钳工中级工职业标准；④现代企业 6S 管理规范和操作要求；⑤钳工安全生产操作规程。

2. 相关工具

①砂轮机；②划线平台；③钳工常用划线工具；④淡金水。

三、任务实施

1. 任务实施说明

（1）学生分组：每小组 4 人。

（2）资料学习：学习相关资料并总结出要点。

（3）任务分析：针对课程目标，总结出任务实施过程的重点和难点。

（4）现场教学：①教师将重要知识点和操作要求进行讲解；②教师进行相关操作的实际示范。

（5）小组实施：小组讨论确定任务实施步骤后开始实施任务，教师巡回指导。

（6）工件成果分析。

2. 任务实施注意点

（1）划线基准的选择。

（2）划线工具的选用。

（3）各种线条的划法。

（4）注意划线时保证安全文明生产。

（5）遇到问题时小组进行讨论，可让教师参与讨论，通过团队合作获取问题的答案。

（6）注意 6S 意识的培养。

四、心得体会

根据实训任务的内容，谈一谈你的学习 / 实训体会。

五、任务评价

课题	考核项目	配分	考核点	评分标准	实测	得分	合计
平面划线	作品（80分）	24	轮廓形状	1处不符合扣4分			
		18	线条	是否清晰无重线			
		6	样冲眼位置	是否符合要求			
		4	涂色	薄而均匀			
		12	$\phi 60$（4处）	超差无分			
		2	20	超差无分			
		2	30	超差无分			
		4	50（2处）	超差1处扣2分			
		4	32（2处）	超差1处扣2分			
		4	80（2处）	超差1处扣2分			
	职业素养（20分）	10	遵守操作规程，安全文明生产	量具等工具使用不规范1次扣2分			
		10	练习过程及结束后的6S考核	工作服未按要求穿戴扣2分，练习结束未打扫卫生扣5分			

知识链接

一、基准面

1. 基准面的概念

基准面是指以之为基准用来确定工件上其他点、线、面等尺寸的表面，保证后续加工的测量基准与加工精度。在实际的操作中，通常工件上第一个被加工的面就是基准面。

2. 划线基准的选择

零件图上，总有一个或几个尺寸作为其他尺寸的根据，这些尺寸就是基准尺寸，即该零件的设计基准。一般情况下，划线基准应尽量与设计基准一致，主要有以下三种情况：

（1）以两个相互垂直的平面或直线为划线基准，如图 3-3（a）所示，以长度为 106 mm 和高度为 50 mm 的垂直边作为划线基准。一般用于平面立体机件。

（2）以两个相互垂直的中心线为划线基准，如图 3-3（b）所示，以三个孔的中心线作为基准。一般用于孔、回转面较多的曲面立体机件。

（3）以一个平面和一条中心线为划线基准，如图 3-3（c）所示，以对称中心线和长度为 120 mm 的底面作为基准。一般用于轴对称的复杂机件。

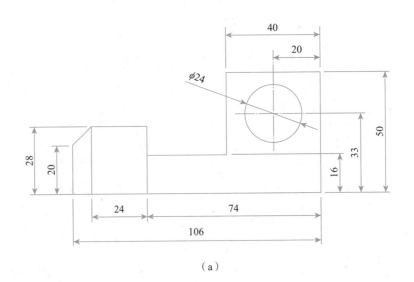

（a）

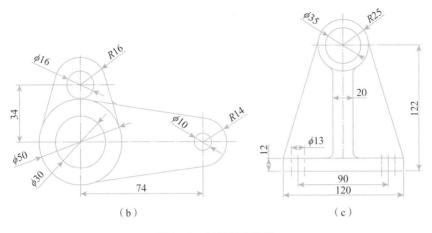

图 3-3　划线基准类型

3. 加工基准分类

一般来说，加工基准可分为粗基准和精基准。

（1）粗基准。

粗基准是在最初的加工工序中以毛坯表面来定位的基准。选择粗基准时，应保证各个表面都有足够的加工余量，保证加工表面和不加工表面的位置尺寸和位置精度，同时还要为后续工序提供可靠精基准。

选择粗基准的原则如下。

①为保证加工面与不加工面之间的位置误差为最小，一般选择不加工面为粗基准。当零件上有几个加工面，应选择与加工面相对位置要求高的不加工面为粗基准；

②若必须保证工件某重要表面的加工余量均匀，则应选择该表面作为粗基准；

③为保证零件各个加工面均能分配到足够的加工余量，应选择加工余量最小的面为粗基准；

④应尽量采用平整的、足够大的毛坯表面作为粗基准，如图 3-3(a) 采用长度为 106 mm 的底面作为粗基准；

⑤粗基准不能重复使用，这是因为粗基准的表面精度较低，不能保证工件在两次安装中保持同样的位置。

（2）精基准。

后续的各工序中必须使用已经加工过的表面作为定位基准，这种定位基准称为精基准。精基准的选择直接影响着零件各表面的位置精度，因而在选择精基准时，要保证工件的加工精度且装夹方便、可靠。

选择精基准的原则如下。

①基准重合：尽可能使用设计基准作为精基准，以免产生基准不重合带来的定位误差。

②基准同一：应使尽可能多的表面加工都用同一个精基准，以减少变换定位基准带来的误差，并使夹具结构统一。例如，加工轴类零件用中心孔作精基准，在车、铣、磨等工序中始终都以它作为精基准，这样既可保证各段轴颈之间的同轴度，又可提高生产率。又如齿轮加工时通常先把内孔加工好，然后再以内孔作为精基准。

③互为基准：使用工件上两个有相互位置精度要求的表面交替作为定位基准。例如，加工短套筒，为了保证孔与外圆的同轴度，应先以外圆作为定位基准磨孔，再以磨过的孔作为定位基准磨外圆。

④便于安装，并且使夹具的结构简单。

⑤尽量选择形状简单、尺寸较大的表面作为精基准，以提高安装的稳定性和精确性。

二、划线的概述、作用和分类

1. 划线概述

划线是机械加工中的一道重要工序，广泛应用于单件或小批量生产之中。根据图样和技术要求，在毛坯或半成品上用划线工具划出加工界线，或划出作为基准的点、线的操作过程称为划线。划线的精度一般为 0.25 ～ 0.5 mm。

在普通机械加工中，基础件一般是经过铸造或锻造而成的。由于在普通铸造或锻造中，为了确保最后能实现设计要求，在模样制作中，对加工孔的平台的位置及台面尺寸都保留了一定的加工量。同时，在铸造或锻造时，由于铁水浇注或锻打成型的累计误差，使实物形状与图纸加工要求有一定允许内的偏差。这时，就需要通过划线来通盘考虑后面工序加工的位置尺寸。如果没有划线这道工序，基础件的加工将无法进行。

钳工实训中，在读懂图纸之后，加工工件的第一步就是从划线开始。例如，在钻孔前，需要划线确定孔心的精确位置，所以划线精度的高低是决定工件加工精度高低的主要因素，如果划线误差太大，有可能会造成整个工件的报废。因此，要掌握各种划线技能，并熟练使用各种划线工具。

2. 划线的作用

根据上述划线概述，可总结划线的作用如下。

（1）确定工件的加工余量，使加工有明显的尺寸界限。

（2）为便于复杂工件在机床上的装夹，可按划线找正定位。

（3）在单件或小批量生产中，用划线来检查毛坯或半成品的形状和尺寸，合理地分配各加工表面的余量，及早发现不合格品，避免造成后续加工工时的浪费。

（4）当毛坯误差不大时候，可以采用借料划线的方法来补救，从而提高毛坯的合格率。（注：借料——由于铸件上的孔在浇铸时会产生偏差，当偏差不是很大时，铸件、锻件可以通过划线把各待加工面的余量重新分配。）

3. 划线的分类

划线可分为平面划线和立体划线两种。

（1）平面划线。

只需要在工件二坐标体系内（一个平面上）划线即能明确表明加工界限的，称之为平面划线，如图 3-4（a）所示。例如，在板料、盘状等工件上划线。其分为：

几何划线法——用平面作图的方式划出所需线条；

样板划线法——用划针沿板边划出所需线条。

（2）立体划线。

是平面划线的复合，需要在工件的三坐标体系内（几个互成不同角度的表面，通常是相互垂直的表面，即长、宽、高三个方向）上划线，才能明确表明加工界限的，称之为立体划线，如图 3-4（b）所示。例如在支架、箱体等工件上划线。

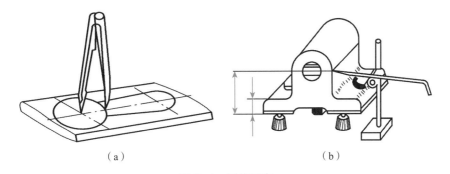

（a）　　　　　　　　　　　　（b）

图 3-4　划线示意

（a）平面划线；（b）立体划线

三、划线工具

钳工常用的划线工具有钢直尺、划线平台 / 方箱、划针、划线盘、高度游标卡尺、划规、样冲、V 形架、角尺和角度规及千斤顶或其他支持工具等。钳工常用的划线工具可分为支承工具、直接划线工具、划线量具和辅助工具。

1. 支承工具

（1）划线平台：又称划线平板，用来安放工件和划线工具，如图 3-5（a）所

笔记

笔记

示。其一般由铸铁制成，工作表面经过精刨或刮削，也可采用精磨加工而成。较大的划线平板由多块平板组成，适用于大型工件划线。它的工作表面应保持水平并具有较好的平面度，是划线或检测的基准。

（2）划线方箱：又称检验方箱，用作对工件平行度、垂直度等的划线和检验，如图3-5（b）所示。一般由铸铁制成，各表面均经刨削及精刮加工，六面成直角，工件夹到方箱的V形槽中，能迅速地划出三个方向的垂线。

（3）千斤顶：用来支承大型和不规则工件的工具，通常用三个千斤顶支承工件，如图3-6（a）所示。

（4）V形铁：通常是用一个或两个V形铁来支承轴类和圆形工件的工具，使工件便于定位，划出中心线或找出中心，如图3-6（b）所示。

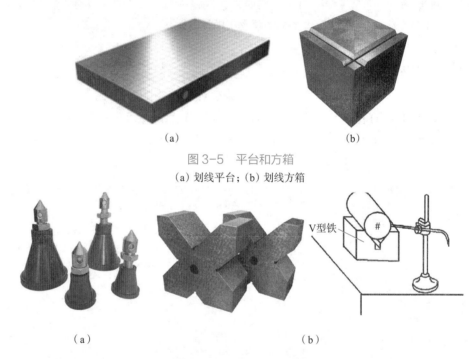

（a）　　　　　　　（b）

图3-5　平台和方箱
（a）划线平台；（b）划线方箱

（a）　　　　　　　（b）

图3-6　千斤顶和V形铁
（a）千斤顶；（b）V形铁

2. 直接划线工具

（1）划线盘：立体划线的主要工具，按需要调节划针高度，并在平台上拖动划线盘，划针即可在工件上划出与平台平行的线，弯头端可用来找正工件的位置，如图3-7所示。

注意事项：

①用划线盘划线时，划针伸出夹紧装置以外的部分不宜太长，并要夹紧，防

止松动，且应尽量在接近水平位置夹紧划针；

②划线盘底面与平板接触面均应保持清洁；

③拖动划线盘时应紧贴平板工作面，不能摆动、跳动；

④划线时，划针与工件划线表面的划线方向保持 40°～60° 的夹角。

（2）划规：划规由工具钢或不锈钢制成，两脚尖端淬硬，或在两脚尖端焊上一段硬质合金，使之耐磨。划规可以量取尺寸以定角度、划分线段、划圆、划圆弧线、测量两点间距离等。划规有多种类型，如图 3-8 所示。

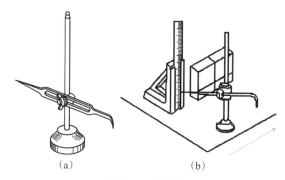

（a）　　　　　　　　（b）

图 3-7　划线盘

（a）普通划线盘；（b）划线盘的操作示意

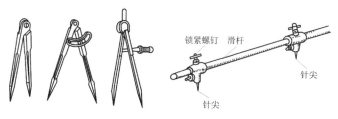

图 3-8　不同类型的划规

注意事项：

①划规画圆时，对于旋转中心的一脚，应施加较大的压力，对于在工件表面划线的另一脚，应施加较轻的压力；

②划规两脚的长短应磨得稍有不同，且两脚合拢时脚尖应能靠紧，这样才能划出较小的圆；

③为保证划出的线条清晰，划规的脚尖应保持尖锐。

（3）划针：一般由 4～6 mm 弹簧钢丝或高速钢制成，划针的直径一般为 3～5 mm，尖端磨成 15°～20° 的尖角并淬硬，或在尖端焊接上硬质合金。划针是用来在被划线的工件表面沿着钢板尺、直尺、角尺或样板进行划线的工具，有直划针和弯头划针之分，如图 3-9 所示。

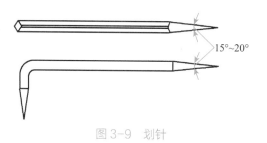

图 3-9　划针

笔记

注意事项：

①划线时，针尖要紧靠导向工具的边缘，并压紧导向工具；

②划线时，划针向划线方向倾斜 45°～75°，上部向外侧倾斜 15°～20°，并一次划出，不可以重复，如图 3-10 所示。

③划针和划规尖端为硬质合金，耐磨且不易变钝，但不耐冲击，在使用的过程中要轻拿轻放，不能摔落从而使尖端损坏，更不能当样冲使用。

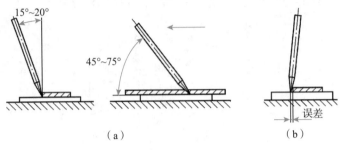

图 3-10 划针的用法

(a) 正确；(b) 错误

（4）高度游标尺：又称划线高度尺，由尺身、游标、划针脚和底盘组成。高度游标尺是一种精密量具，其精度一般为 0.02 mm，既可以测量工件的高度，又可以作为划线工具。取好固定高度后，可用量爪直接划线，常用于在工件已加工表面上划线，如图 3-11 所示。

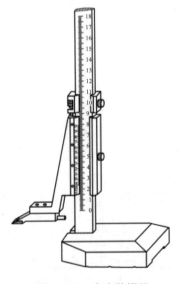

图 3-11 高度游标尺

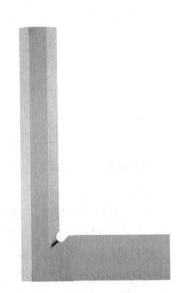

图 3-12 角尺

3. 划线量具

（1）角尺：又称为宽座角尺，是钳工常用的测量垂直度的工具，划线时常用作划垂直线或平行线时的导向工具，也可用来调整工件基准在平台上的垂直度，如图 3-12 所示。

（2）钢板直尺：确定线段长度和划规半径的量具。

（3）高度尺：即高度游标尺的测量部分。

4. 辅助工具

样冲和手锤：样冲一般由工具钢制成，尖梢部位淬硬，也可以由较小直径的报废铰刀、多刃铣刀改制而成，如图 3-13（a）所示。打标记时，样冲尖对在划出的线上，用手锤打出间距大致相同的凹坑，称为样冲眼，如图 3-13（b）所示。

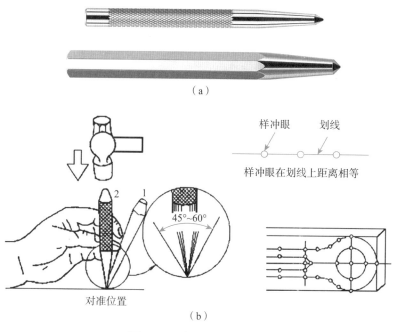

图 3-13　样冲及冲眼示例
(a) 样冲；(b) 冲眼及应用

作用：

（1）做出标记，防止所划线段模糊。

（2）钻孔时作为定位的圆心。

（3）划圆时，作为划规的立脚点。

注意事项：

（1）样冲外斜，使针尖对准基线的正中，将样冲立直于样冲眼。

（2）样冲眼需准确，不可偏离线条，在直线段上冲眼时的距离可大些，但短

笔记

直线至少要有三个样冲眼，在曲线上冲眼的距离要短些，直径小于 20 mm 的圆周线上应有四个样冲眼，直径大于 20 mm 的圆周线上应有八个样冲眼以上。

（3）凡是线条交叉或转折处都必须冲眼。

（4）在薄壁零件和光滑表面冲眼时要浅，毛坯件或粗糙表面上冲眼时要深些。

四、划线的程序

1. 划线前的准备工作

（1）分析图纸：划线前，首先需分析工件的特点和技术要求，规划工件加工的工艺流程（加工顺序和加工方法），并选择划线的基准，确定划线位置、步骤和方法。

（2）准备工件：

① 检查工件的缺陷和误差，确定借料方案；

② 清理工件各个加工表面的锈蚀、油污等；若是铸件毛坯，需要清理铸件的浇口、冒口，并将基准面锉平；若是锻造毛坯，需要清理锻件的飞边和氧化皮；

③ 对于有孔的工件可在毛坯孔中塞入木块或铅块，方便划规画圆；

④ 根据工具的不同，需选择适当的涂色剂。在工件上需要划线的部位均匀涂上薄色，以便使划出的线条清楚可见。

常用涂色剂及应用如表 3-1 所示。其中，粉笔用于数量少、工件小的毛坯，但其精度较低；石灰水用于铸、锻件毛坯；硫酸铜溶液用于钢铁类的材料表面，以便形成铜膜；蓝油是目前划线用得较广的涂色剂。本钳工实训过程中采用淡金水为涂色剂。

表 3-1　涂色剂及应用

待涂表面	划线涂色剂
未加工表面	粉笔 石灰水（白灰、乳胶和水） 白垩溶液（白垩粉、水，并加入少量亚麻油和干燥剂）
已加工表面	硫酸铜溶液（硫酸铜＋水／乙醇） 蓝油（龙胆紫＋虫胶＋乙醇），又称龙胆紫 绿油（孔雀绿＋虫胶＋乙醇），又称孔雀绿 红油（品红＋虫胶＋乙醇），又称品红 淡金水（松香＋虫胶＋乙醇＋丁醇）

（3）准备工具。

按工件图样的要求，选择所需工具，并检查和校验工具。

2. 划线

（1）将工件夹持或支撑稳定，并找正，与借料方案相结合进行划线。

（2）先划基准线和位置线，再划加工线，即先划水平线，再依次划垂直线、斜线，最后划圆、圆弧和曲线。

（3）在一次支撑中要划出所有的平行线，避免补划，造成误差。

（4）划线后需反复核对尺寸，方能进行后续的工件加工。

五、划线安全操作规程

（1）工作台要牢固平稳，平台周围要保持整洁，通行要方便，1 m 以内禁止堆放物件。

（2）所用手锤、冲子等工具要经常检查，不得有裂纹、飞边、毛刺，顶部不得淬火，手锤柄安装要牢固。使用的大工具如弯尺、划线盘、角铁等应有指定地点妥善存放，以免砸伤人。所用的千斤顶，底座应平整可靠，顶尖、螺纹连接合适，严禁使用滑扣千斤顶。划线盘用完后针尖向下，妥善保管，照明灯具应使用低压电源，并检查有无破裂，灯头是否完好，以免触电。★

（3）工件一定要支牢垫好，在支撑大型工件时，必须用方木垫在工件下面，必要时用行车帮助支放垫块。不要用手直接拿着千斤顶，严禁将手臂伸入工件下面。★

（4）地面上的工件要摆放整齐、平稳，防止倾倒伤人。

学思践悟

郭锐（图 3-14）是中车青岛四方机车车辆股份有限公司钳工首席技师、中国中车首席技能专家，1997 年从技校毕业后，进入中车四方工作。25 年来，他扎根高铁一线，从一名学徒工逐渐成长为首席技师，独创 10 多项行业先进操作法，完成 40 多项技术创新成果，授权国家专利 19 项，他和他的团队为 1600 多列高速动车组装配转向架，如今，这些列车已经安全运行超过 40 亿公里。

图 3-14　郭锐——钳工首席技师

笔记

2015 年，我国具有完全自主知识产权的"复兴号"动车组投入研制，由于"复兴号"转向架采用全新的分体式轴箱设计，轴箱装配精度必须控制在 0.04 mm 以内。面对全新的技术挑战，郭锐带领团队大胆探索，勇于实践，在不断摸索和碰撞中拓展思路、寻求突破。经过周密的分析论证，郭锐带领团队探索出从螺栓紧固方法入手的解决办法。6 个螺栓的紧固次序组合有 720 种，而预紧力度组合更是不计其数，经过上千次的试验验证，他们终于找出最佳装配方案，突破了技术壁垒。

复兴号上有 50 多万个零部件，类似于"0.04 mm"这样的难题数不胜数。"我一门心思就想为祖国造最好的车。"郭锐说，党的二十大报告提出的"创新才能把握时代、引领时代"说到了他的心坎里。

"作为一名扎根高铁一线 20 多年的老兵，今后，我将立足岗位，发挥专业技术水平和技能创新优势，在产品研发和新产品试制过程中主动作为，为加快建设交通强国作出更多的贡献。同时，做好党的宣讲员、联络员，宣讲解读党的二十大精神，倾听群众的声音，做好联系广大职工的桥梁和纽带。"郭锐说。

（来源：人民政协网，2022 年 12 月 6 日，有删改）

任务练习

一、选择题

1. 一般划线精度能达到（　　）。

A. 0.025 ～ 0.05 mm　　　　　　　B. 0.1 ～ 0.3 mm

C. 0.25 ～ 0.5 mm　　　　　　　　D. 0.25 ～ 0.8 mm

2. 平面划线要选择（　　）个划线基准。

A. 一　　　　　　　　　　　　　　B. 二

C. 三　　　　　　　　　　　　　　D. 四

3. 大型工件划线时，为保证工件安装平稳、安全可靠，选择的安装基面必须是（　　）。

A. 大而平直的面　　　　　　　　　B. 加工余量大的面

C. 精度要求高的面　　　　　　　　D. 垂直面

4. 在某些特殊场合，需要操作者进入工件内部划线时，支承工件应采用（　　）。

A. 斜铁　　　　　　　　　　　　　B. 千斤顶

C. 方箱　　　　　　　　　　　　　D. 平板

5. 在铸锻件毛坯表面上进行划线时，可使用（　　　）。

    A. 品紫　　　　　　　　　　　B. 硫酸铜溶液

    C. 白灰水　　　　　　　　　　D. 淡金水

6. 划线时，千斤顶主要用来支承（　　　）。

    A. 形状不规则的毛坯　　　　　B. 圆柱形轴类零件

    C. 圆柱形套类零件　　　　　　D. 形状规则的半成品

7. 划线时，当发现毛坯误差不大时，可依靠划线时（　　　）的方法予以补救，使加工后的零件仍然符合要求。

    A. 找正　　　　　　　　　　　B. 借料

    C. 变换基准　　　　　　　　　D. 改变划线工具

8. 设计图样上所采用的基准，称为（　　　）。

    A. 设计基准　　　　　　　　　B. 定位基准

    C. 划线基准　　　　　　　　　D. 操作基准

二、判断题

（　　　）1. 箱体划线时，若箱体内壁不需加工，只需找正箱体外表面的部位即可划线，内壁可不用考虑。

（　　　）2. 畸形工件划线时，当工件重心位置落在支承面的边缘部位时，必须相应加上辅助支承。

（　　　）3. 大型工件划线时，应选定划线面积较大的位置为第一划线位置。

（　　　）4. 划线时用来确定工件各部分尺寸、几何形状及相对位置的依据称为划线基准。

（　　　）5. 划线平板是划线工作的基准面，划线时，可把需要划线的工件直接安放在划线平板上。

（　　　）6. 划线时，一般应选择设计基准为划线基准。

（　　　）7. 当第一划线位置确定后，若有两个位置基面可供选择时，应选择工件重心低的一面作为安置基面。

三、简答题

1. 划线的作用有哪些？

2. 大型工件划线时，合理选定第一划线位置的目的是什么？合理选定第一划线位置一般有哪些原则？

3.为什么要选定划线基准?

4.拉线法与吊线法应用于何种场合？

四、拓展题

1.通过查找资料等方式，了解钳工划线出现错误的几种原因。

2.通过查找资料等方式，针对钳工划线出现的几种问题思考如何进行修复。

3.通过查找资料等方式，了解分度头的结构与分度方法。

模块四

锯　割

适用专业：		适用年级：一年级	
任务名称：锯割		任务编号：4-1	
姓名：	班级：	日期：	实训室：
任务下发人：		任务执行人：	

任务导入

　　木工师傅通过铅笔、钢尺和手锯等工具就能将一块木头"大卸八块"，并通过后续的精确加工而组装成桌椅、衣柜、装饰品等物件供人们使用，如图 4-1 所示。

图 4-1　木工锯割

　　那我们钳工该选择什么样的工具对一块比石头还坚硬的钢进行分割呢？和木工所采用的工具相同吗？怎么样确定钢板的分割位置？如何保证又快又好地完成分割工作？

学习目标

知识目标

（1）掌握锯齿的分类方法及锯条的选用方法。

（2）了解不同种类毛坯料的锯割方法。

能力目标

（1）能够利用锯弓对板件进行实际锯割。

（2）能够对锯割时出现的实际问题进行分析和解决。

素质目标

（1）具有执着的工匠精神。

（2）树立追求极致的职业品质。

任务实训

一、任务描述

（1）掌握锯割操作方法和要点。

（2）了解锯割操作易出现的问题并掌握解决方法。

（3）按图纸（图 4-2）要求进行锯割练习。

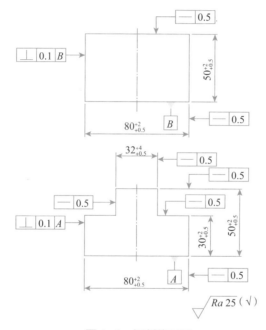

图 4-2　锯割练习图

二、相关资料和工具

1. 相关资料

①教学课件；②钳工技能实训；③钳工中级工职业标准；④现代企业 6S 管理规范和操作要求；⑤钳工安全生产操作规程。

2. 相关工具

①锯弓；②锯条；③直钢尺；④台虎钳；⑤平面划线相关工具。

三、任务实施

1. 任务实施说明

（1）学生分组：每小组 4 人。

（2）资料学习：学生学习相关知识并总结出要点。

（3）任务分析：针对课程目标，总结出任务实施过程的重点和难点。

（4）现场教学：①教师将重要知识点和操作要求进行讲解；②教师进行相关操作的实际示范。

（5）小组实施：小组讨论确定任务实施步骤后，开始实施任务，教师巡回指导。

（6）工件成果分析。

2. 任务实施注意点

（1）锯条的选用及其正确安装。

（2）起锯的方法。

（3）若锯条折断，反思锯条折断的原因。

（4）注意锯割操作时保证安全文明生产。

（5）遇到问题时小组进行讨论，可让教师参与讨论，通过团队合作获取问题的答案。

（6）注意 6S 意识的培养。

四、心得体会

根据实训任务的内容，谈一谈你的学习 / 实训体会。

五、任务评价

课题	考核项目	配分	考核点	评分标准	实测	得分	合计
锯割	作品（80分）	6	锯割姿势	是否正确，酌情扣分			
		6	锯割动作	是否正确，酌情扣分			
		8	$80_{+0.5}^{+2}$（凸凹件各 1 处）	超差 1 处扣 4 分			
		5	$30_{+0.5}^{+2}$	超差 1 处扣 5 分			
		8	$50_{+0.5}^{+2}$（凸凹件各 1 处）	超差 1 处扣 4 分			
		5	$32_{+0.5}^{+4}$	超差无分			
		24	直线度 0.5（8 处）	超差 1 处扣 3 分			
		12	表面粗糙度 Ra 25	超差 1 处扣 1 分			
		6	去除毛刺、倒棱 C 0.3	没去毛刺，酌情扣分			
	职业素养（20分）	10	遵守操作规程，安全文明生产	量具等工具使用不规范 1 次扣 2 分			
		10	练习过程及结束后的 6S 考核	工作服未按要求穿戴扣 2 分，练习结束未打扫卫生扣 5 分			

笔记 知识链接

一、认识锯弓和锯条

1. 认识锯弓

锯弓是用来夹持和张紧锯条的工具，一般使用具有一定强度的钢材制成，有时为了减轻重量，也有用合金管材制作的。锯弓的质量关系到锯缝是否能够平直，所以要求绷紧的锯条不能够产生太大的晃动。

锯弓可分为固定式和可调式两种。固定式锯弓的弓架是整体的，只能装一种长度规格的锯条，如图4-3（a）所示。可调式锯弓的弓架分成前后前段，由于前段在后段套内可以伸缩，因此可以安装几种不同长度规格的锯条，故目前广泛使用的是可调式锯弓，如图4-3（b）所示。

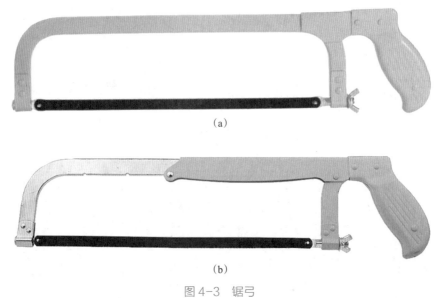

（a）

（b）

图4-3 锯弓
（a）固定式锯弓；（b）可调式锯弓

2. 认识锯条

锯条是开有齿刃的钢片条，齿刃是锯条的主要部分。锯条按照使用情况可分为手锯条和机用锯条，钳工则主要使用手锯条，俗称钢锯条。

手锯条的规格是以两端安装孔的中心距来表示的，钳工常用的锯条规格为300 mm，其宽度为10～25 mm，厚度为0.6～1.25 mm。

二、锯条的分类及正确选用

1. 按锯齿的粗细规格分类

锯条的粗细规格以锯条上每 25 mm 内锯齿数表示。

（1）粗齿（14～16 齿），相应齿距为 1.4～1.8 mm：适用于锯割铜、铝等软金属，以及表面较大或较厚的材料。此时，每一次推锯都会产生较多的切屑，因此要求锯条有较大的容屑槽，以防产生堵塞现象。

（2）中齿（18～22 齿），相应齿距为 1.2～1.4 mm：适用于锯割普通钢、铸铁等中等厚度的金属。

（3）细齿（24～32 齿），相应齿距为 0.8～1 mm：适用于锯割硬钢、板料及管子等金属材料，以及较薄材料。对于硬材料，一方面由于细齿锯齿不易切入材料，切屑少，不需大的容屑空间；另一方面，由于细齿锯条的锯齿较密，能使更多的齿同时参与锯割，使每齿的锯割量小，容易实现切削。对于薄板或管子，细齿可以防止锯齿被钩住，致使锯条折断。

2. 按材质分类

按材质分类，锯条可分为双金属锯条、碳化砂锯条、高速钢锯条和碳素钢锯条等。

（1）双金属锯条：由两种金属焊接而成的锯条，一般来说是由碳钢锯身和高速钢锯齿组成，可用于切割管件、实心体、木材、塑料及所有可加工金属，相比单金属锯条，抗热及抗磨损性更高，寿命更长。

（2）碳化砂锯条：用于切割玻璃、硬化钢、绞合光纤及瓷砖，抗热性及抗磨损性超强，可以切割所有其他锯片或锯条不能切割的物质。

（3）高速钢锯条：用于切割管件、实心体、木材、塑料及所有可加工金属。高速钢锯条硬度较高，柔韧性强，很适合与张力小的锯架配套使用。锯带背面中心处没有经过硬化，应注意避免在切割过程中破裂。

（4）碳素钢锯条：最常用的锯条，成本低，和高速钢锯条一样，可用于切割管件、实心体、木材、塑料及所有可加工金属。

钳工技能实训过程中，一般手锯所采用的锯条为碳素钢锯条或双金属锯条。而锯床中，一般不使用碳素钢锯条。

3. 按锯齿的齿形分类

按锯齿的齿形分类可将锯条分为变齿锯条、钩齿锯条和等齿锯条，如图 4-4

笔记

所示，手锯锯条主要采用其中的钩齿锯条。

（1）变齿：锯齿之间的距离不相等，齿槽的深度也有变化。这样的齿形可使锯切过程相对平稳，并且能有效地减少噪声，延长锯条的使用寿命。但这种齿形也容易造成齿槽的容削空间不足，降低锯割效率。

（2）钩齿：齿前角带有一定的倾斜角度，在切割工件的过程中锯条自身能产生一定的附加压力。其前角角度的设计可以减少锯背的压力，有效延缓了锯条带体受损的情况，增加了锯条的使用寿命，但此种齿形不适合高速切割。

（3）等齿：带锯锯齿距之间的距离相等。在切割工件时切削受力均匀，锯切的工件切削面比较平整光滑。但锯条与锯床容易产生共振，从而对锯床和锯条造成损耗。

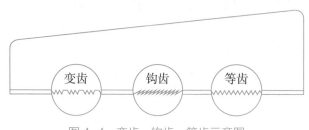

图4-4 变齿、钩齿、等齿示意图

三、锯条的安装及工具的夹持

1. 锯条的安装

锯割过程是手用力向前推时才对材料进行切削，向后轻拉返回时不起切削作用，因此安装锯条时应锯齿向前，如图4-5（a）所示。如果锯条如图4-5（b）所示反方向安装，则在向前的锯割过程中，不对材料起切削作用，且向后返回时，由于锯条受力，极易损坏锯条。

同时，调节锯条松紧的翼型螺母不宜太松或太紧，太松会使锯条在锯割过程中扭曲，使锯缝歪斜，并容易崩断锯条；太紧会锯条失去原有的弹性，一旦受力过大，容易崩断锯条。因此，在调整翼型螺母时，只需感觉锯条已经硬实后，再旋紧小半圈即可。

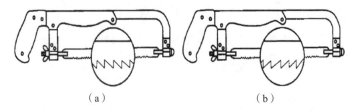

（a）　　　　　　　（b）

图4-5 锯条的安装
（a）正确；（b）不正确

2. 工件的夹持

（1）工件需紧紧地被台虎钳所夹住，不可有抖动，防止锯割过程中工件受到垂直力而掉落，也防止因工件移动而导致锯条崩断。

（2）工件应尽可能地夹持在台虎钳的左面，方便以正确的站姿进行锯割，如图 4-6 所示。同时，工件不应伸出钳口太长，避免产生振动（一般约为 20 mm）。

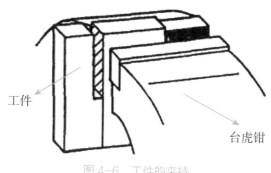

工件

台虎钳

图 4-6　工件的夹持

四、锯割操作方法

1. 手锯的握法和起锯

（1）手锯的握法。

口诀：右手满握锯柄，左手轻扶锯弓前端。如图 4-7 所示，在锯割时，身体放松，手握锯弓要舒展自然，右手握住手柄向前施加推力，左手轻扶在弓架前端，稍加压力。

注意：左手手指禁止放置在锯条上下方，避免在锯割过程中出现安全事故。

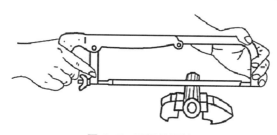

图 4-7　手锯的握法

（2）起锯方法。

首先，起锯角度 α 约为 15°，若起锯角太大，则起锯不易平稳，尤其是近起锯时锯齿会被工件棱边卡住引起崩裂；若起锯角过小，则锯齿与工件同时接触的齿数较多，不易切入材料，而多次起锯往往容易发生偏离，使工件表面锯出许多

笔记

锯痕，影响表面质量。

其次，起锯时锯弓拉伸长度应短些，并采用单手起锯，起锯达一定深度时再正常操作。

起锯时可采用近起锯或远起锯两种方法：

①近起锯：从工件靠近操作者的一端开始锯割，起锯角 α 为仰角，如图 4-8（a）所示。若近起锯时，锯齿被工件的棱边卡住，可采用向后拉手锯进行倒向起锯，使起锯时接触的齿数增加，然后再进行推进起锯，防止锯齿被棱边卡住而崩裂。

②远起锯：从工件远离操作者的一端开始锯割，起锯角 α 为俯角，如图 4-8（b）所示。通常情况下，选取远起锯的方法，此时锯齿逐步切入材料，不易卡住，起锯比较方便。

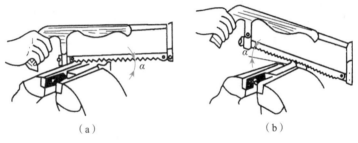

（a）   （b）

图 4-8 起锯的方法
(a) 近起锯；(b) 远起锯

为了起锯位置的准确和稳定，可采用左手大拇指来引锯，以防止锯条在工件表面打滑。当起锯到 2～3 mm 的槽深时，锯条不会滑出槽外，拇指可离开工件，扶正锯弓逐渐使锯痕成为水平，然后往下正常锯割，开始采用适当的锯割姿势。

2. 锯割过程

（1）锯割姿势及操作方法。

锯割的站立位置基本和锉削相似，如图 4-9 所示。站立自然，身体与锯弓垂直方向呈约 45°，右脚与台虎钳中心线呈约 75°，左脚与台虎钳中心线呈约 30°，身体前倾约 10°，使前腿弓，后腿绷，重心在前腿。

起锯后的锯割操作方法可分为直线式和摆动式。直线式运动指锯割时锯弓始终平直地沿直线做往返运动，适用于锯割锯缝底面要求平直的槽和薄壁工件；摆动式运动指锯弓在做往返运动的同时还要做小幅度的上下摆动。

锯割一般采用小幅度的上下摆动式运动，即手锯推进时身体略向前倾，双手随着手锯前推的同时，左手上翘、右手下压；返回时右手上抬，左手自然跟回，身体随锯割动作摆动自然、协调。这样可使操作简单，两手不易疲劳。

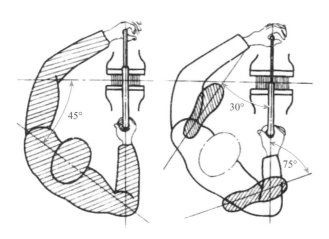

图 4-9 锯割姿势

（2）锯割压力、速度及行程。

锯割时的推力和压力由右手控制，做直线往复运动，锯割线应与钳口垂直，以防锯斜。

锯割速度一般每分钟 20 ~ 40 次，锯割硬材料应较慢，锯割软材料应较快。同时，在开始切削及停止切削时，不要进刀太快，避免造成断齿等破损。

锯割行程指锯条在工件上走过的有效长度，通常不小于锯条全长的 2/3，锯割时应使锯条的全部有效齿在每次行程中都参加锯割。此外，锯割行程应保持均匀，返回行程的速度应相对快些，以提高锯割效率。

五、不同种类毛坯料的锯割方法

1. 板料的锯割

对于精度要求不高的较厚毛坯板料，可直接采用摆动式锯割方法，提升锯割效率，降低人体疲劳度；对于具有精度要求的较厚毛坯板料，需采用直线式锯割，提高锯割精度，如图 4-10（a）所示；对于薄毛坯板料来说，直接垂直立式锯割容易造成断齿，因此采用图 4-10（b）中的夹木法或图 4-10（c）中的横向锯割法。

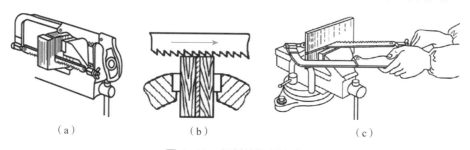

（a） （b） （c）

图 4-10 板料的锯割方法

（a）直线式锯割厚板料；（b）夹木法锯割薄板料；（c）横向锯割薄板料

笔记

2. 棒料的锯割

对于具有精度要求的毛坯棒料，需采用直线式锯割，从开始连续锯割至结束；对于精度要求不高的毛坯棒料，在锯割过程中可采用转位锯割的方法，即旋转棒料进行锯割，提高锯割效率，如图 4-11 所示。

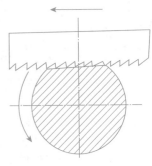

图 4-11 棒料的转位锯割

3. 管料的锯割

为了保证毛坯管料在锯割过程中的稳定，需采用 V 形木垫进行夹持，如图 4-12（a）所示，防止管料在夹持过程中出现形变。同时，由于毛坯管料中间为空心，管壁较薄，采用直线式锯割方法时，锯条容易被管壁钩住而断齿，因此和精度要求不高的棒料的锯割方法一致，采用转位锯割的方法，如图 4-12（b）所示。

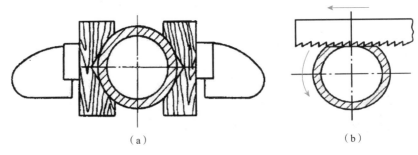

（a）　　　　　　　　　　（b）

图 4-12 管料的锯割方法

（a）管料的 V 形夹持；（b）管料的转位锯割

4. 深缝的锯割

当锯割大型毛坯件而出现超过锯弓高度的割缝时，使用常规的锯条安装方法已经无法完成锯割工作，此时，采用将锯条旋转 90° 或 180° 的安装方法进行后续的锯割，如图 4-13 所示。

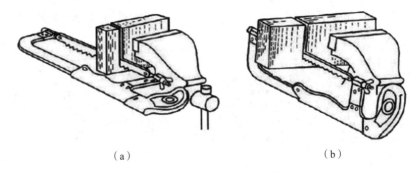

（a）　　　　　　　　　　（b）

图 4-13 深缝的锯割方法

（a）旋转 90° 锯条；（b）旋转 180° 锯条

六、锯割时易出现的问题

1. 锯条折断

锯条折断是练习锯割时最容易出现的问题，一般来说导致锯条折断的原因如下：

（1）锯条的种类选用不当。

（2）工件夹持不牢。

（3）锯割压力太大或用力过猛。

（4）锯条安装过松或过紧。

（5）强行纠偏或新锯条在原锯缝处用力锯下。

（6）中途休息时锯弓未取下而碰断锯条。

（7）完成锯割工作瞬间，锯条撞向工件。

2. 锯齿断裂

少量锯齿断裂会造成锯割时卡顿，影响锯割效果。当连续断齿时，则需要更换锯条。造成锯齿断裂的原因可能如下：

（1）起锯角 α 过大。

（2）选用的锯割方法不当或锯割时操作不当。

（3）毛坯材料组织中出现缺陷，如砂眼、杂质等。

3. 锯缝歪斜

锯缝歪斜容易导致尺寸超差，甚至工件报废。同时，锯割过程中的锯缝歪斜也会导致后续的加工余量变大，加工效率降低。锯缝歪斜的原因可能如下：

（1）工件夹持歪斜。

（2）锯割压力太大使锯条偏摆。

（3）锯条安装过松。

（4）锯弓本身歪斜不平。

（5）使用了磨损不均匀的锯条。

（6）钢尺测量时产生偏差。

锯缝歪斜的校正方法：

（1）二次起锯法。如图 4-14（a）所示，在锯缝歪斜的起始部位（锯痕 1 处）进行二次起锯，手持锯弓的手向下按压锯弓，另一只手向后拉锯弓。锯割动作需要行程长，速度慢，反复进行几次，使锯痕深入 2～3 mm 时，方可扶正锯弓逐

笔记

渐使锯痕成水平，如锯痕2。

（2）反向校正法。在运锯的同时，辅助的手朝锯缝歪斜的方向用力，使锯条朝相反方向锯割。如图4-14（b）所示，锯缝在1点至2点处发生歪斜，先从2点处开始进行校正，辅助的手朝左侧方向逐渐用力，使锯条齿部朝向右侧靠近锯割线方向进行锯割，达到2点至3点效果，然后再从3点开始校正，使锯条继续朝右侧进行锯割，达到3点至4点的效果，最后再在4点处进行校正。

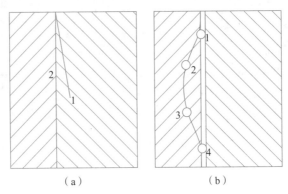

（a） （b）

图4-14　锯缝歪斜的校正方法
（a）二次起锯法；（b）反向校正法

七、锯割安全知识

（1）待锯割的毛坯工件需正确夹持，防止锯割过程中工件滑落伤人。★

（2）锯条安装松紧度适宜，锯割过程中不要突然用力过猛，以防锯条折断后崩出伤人。★

（3）工件将要锯断时，应减小压力同时减慢速度，用左手扶持工件断开部分，以防工件掉落伤脚。★

（4）完成锯割工作后，及时放松锯弓上的松紧螺母，并按照实验室6S要求摆放整齐。

学思践悟

中车株洲电机公司的机修钳工黄光宇（图4-15），用几十年的工作经验让他练就了一身"望闻问切"排查故障的好绝技，更有着把控扁錾于分毫的钳工好本领。

依靠日常维修电机设备的钳工技艺，黄光宇对扁錾力度与技巧已经可以精准把握。"灯泡上錾钢丝"就是他的绝技，其精彩之处在于，用普通的锤子和可吹毛断发的扁錾在普通白炽灯泡上将坚韧的钢丝錾断，而灯泡完整无损，通电后仍能正常工作。2018年元旦，机修钳工黄光宇登上天津卫视大型励志节目《梦想的跨越》，挑战"钻床钻蛋"，用一双巧手见证"匠心"，用一双慧眼实现"跨越"。"钻床钻蛋"是用安装有一个 5 mm 直径钻头的钻床分别钻破鹌鹑蛋、鸡蛋及鸭蛋壳，壳破而膜不破。黄光宇在一个鸡蛋上钻出了八个孔，壳破而膜全，全场观众为之惊叹！

　　大国科技不能只靠科学家，也需要技术精湛的产业工人。登上《梦想的跨越》舞台的黄光宇，正是因为他几十年如一日的积累，悉心总结、善于提炼，从而在普通平凡的岗位上，做出了不平凡的事。

　　（来源：石峰区政府门户网，2018 年 1 月 8 日，有删改）

图 4-15　机修钳工：黄光宇

任务练习

一、选择题

1. 起锯角为（　　）左右。

　　A. 10°　　　　　　　　　　　B. 15°

　　C. 20°　　　　　　　　　　　D. 25°

2. 锯割铜、铝及厚工件时，应选用的锯条是（　　）。

　　A. 细齿锯条　　　　　　　　　B. 粗齿锯条

　　C. 中齿锯条　　　　　　　　　D. 变齿锯条

3. 手锯锯割时，应（　　），压力和速度应适宜。

　　A. 锯应远离钳口　　　　　　　B. 方向应正确

　　C. 回弓时应向下施加压力　　　D. 锯弓应平行于工件

4. 安装手锯锯条时，以下做法错误的是（　　）。

　　A. 齿的斜边在前　　　　　　　B. 锯条必须装在圆销的根部

　　C. 松紧要适度　　　　　　　　D. 锯条与锯弓要平行

5. 下列哪一项不是锯缝产生歪斜的原因（　　）。

　　A. 工件夹持歪斜　　　　　　　B. 起锯角 α 过大

　　C. 使用了磨损不均匀的锯条　　D. 锯条安装过松

二、判断题

（　　）1. 锯割零件当快要锯断时，锯割速度要加快，压力要小，并用手扶住被锯下的部分。

笔记

（　　）2.用手锯锯割时，起锯角度应小于15°为宜，但不能太小。

（　　）3.安装锯条不仅要注意齿尖方向，还要注意齿条的松紧程度。

（　　）4.锯割钢材，锯条往返均要施加压力。

（　　）5.锯齿碰到工件内的缩孔或杂质，可能会引起锯条崩裂。

（　　）6.锯割管料和薄板料时，应选用粗齿锯条。

（　　）7.安装钳工手锯条时应尽量拉紧，以免折断。

三、简答题

1.简述起锯的方法。

2.简述锯割薄壁管的方法。

四、拓展题

1.首次锯割过程中，是否发生锯条折断、锯齿断裂、锯缝歪斜等问题？若发生，尝试找到其原因。

2.查阅资料，了解各种不同切割型材的加工方法。

模块五

钻　孔

任务名称：钻孔		任务编号：5-1	
适用专业：		适用年级：一年级	
姓名：	班级：	日期：	实训室：
任务下发人：		任务执行人：	

任务导入

汽车和高铁都是人们熟悉的交通工具，乘坐它们的人往往感叹工业化的飞速发展，但有没有思考过它们是如何一步一步生产出来的呢？

如图 5-1 所示的汽车和高铁车体，从一块块钢板下料到精美的车体表面，看似复杂，实际已经形成一整套完整的工艺和标准。除了大范围的使用冲压、焊接、表面处理等技术外，车体上还分布着非常多的用于装配其他零件的孔，那么在汽车和高铁的自动化工厂中，这些装配孔是如何进行加工的呢？

图 5-1　汽车和高铁车体

对于钳工来说，我们想要对工件进行钻孔，可以使用什么工具呢？又如何使加工出来的孔符合图纸要求呢？除此之外，所有类型的孔，钳工都能进行加工吗？钳工对工件进行孔加工的操作处于工艺链的什么位置？

学习目标

知识目标

（1）了解标准麻花钻的基本知识。

（2）掌握钻孔和扩孔的基本要点。

能力目标

（1）能够按照图纸对工件进行准确的钻孔和扩孔。

（2）能够分析出钻孔时出现问题的原因。

素质目标

（1）培养实际分析问题和解决问题的能力。

（2）培养肯钻研、有毅力的学习精神。

任务实训 〉〉

一、任务描述

（1）掌握钻床的操作方法及注意事项。

（2）分析图纸，根据图纸（图 5-2）进行钻孔练习。

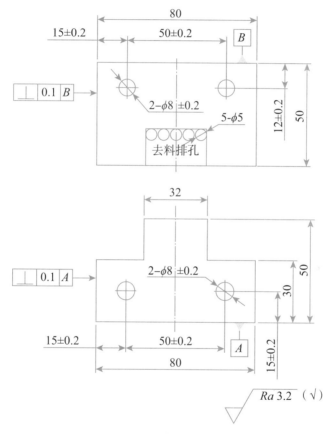

图 5-2　钻孔练习图

二、相关资料和工具

1. 相关资料

①教学课件；②钳工技能实训；③钳工中级工职业标准；④现代企业 6S 管理规范和操作要求；⑤钳工安全生产操作规程。

2. 相关工具

①钳工常用量具；②台钻；③台虎钳；④其他钳工常用工具。

三、任务实施

1. 任务实施说明

（1）学生分组：每小组 4 人。

（2）资料学习：学生学习相关资料并总结出要点。

（3）任务分析：针对课程目标，总结出任务实施过程的重点和难点。

（4）现场教学：①教师将重要知识点和操作要求进行讲解；②教师进行相关操作的实际示范。

（5）小组实施：小组讨论确定任务实施步骤后，开始实施任务，教师巡回指导。

（6）工件成果分析：如出现钻孔不合格或钻头弯折、断裂等情况，尝试分析找出相应的原因。

2. 任务实施注意点

（1）钻孔加工工艺过程。

（2）工件的夹持形式选择。

（3）各种工具的选用。

（4）遇到问题时小组进行讨论，可让教师参与讨论，通过团队合作获取问题的答案。

（5）注意 6S 意识的培养。

四、心得体会

根据实训任务的内容，谈一谈你的学习 / 实训体会。

五、任务评价

课题	考核项目	配分	考核点	评分标准	实测	得分	合计
钻孔	作品 （80分）	16	$2 \times \phi 8 \pm 0.2$ （凸凹2处）	超差1处扣4分			
		16	50 ± 0.2 （凸凹各1处）	超差1处扣8分			
		16	15 ± 0.2 （凸凹各1处）	超差1处扣8分			
		16	12 ± 0.2 （凸凹各1处）	超差1处扣8分			
		8	去料排孔加工	钻孔是否均匀，酌情扣分			
		4	表面粗糙度 $Ra\,3.2$（4处）	1处超差扣1分			
		4	孔口去毛刺倒棱 $C\,0.3$	是否去毛刺，酌情扣分			
	职业 素养 （20分）	10	遵守操作规程，安全文明生产	量具等工具使用不规范1次扣2分			
		10	练习过程及结束后的6S考核	工作服未按要求穿戴扣2分，练习结束未打扫卫生扣5分			

笔记

知识链接

一、钻孔的概述

钻孔是指用钻头在实体材料上加工出孔的操作。

1. 钻削运动

在钻床上钻孔时,钻头与工件间的相对运动被称为钻削运动。一般情况下,钻头应同时完成两个方向的运动,如图 5-3 所示。主运动,即钻头绕主轴高速旋转的运动 v(切削运动);辅助运动,即钻头沿着主轴向工件移动的运动 f(进给运动)。

图 5-3 钻削运动

2. 钻削特点

钻削时,由于钻头是在半封闭的状态下进行材料的去除,且钻头的转速高,切削量大,金属屑的排出困难,因此钻削存在以下几个特点:

(1)摩擦非常严重,需要较大的钻削力,并且钻削热量高。

(2)钻头相对工件的高速旋转,易造成严重的钻头磨损。

(3)钻削时的挤压和摩擦容易产生孔壁的冷作硬化现象(金属材料在常温下加工会产生强烈的塑性变形,使晶格扭曲、畸变,晶粒产生剪切、滑移,晶粒被拉长,从而增加表面层金属的硬度),增加钻孔内壁的硬度,导致后续加工工序的难度上升。

(4)钳工一般使用台钻的钻头较细长,硬度、耐磨性高,但塑性较差,在钻削时容易产生振动及引偏。

(5)钻床的加工精度较低,尺寸精度一般只能达到 IT10 ~ IT11,表面粗糙度一般只能达到 50 ~ 25 μm。

二、钻头

常用钻头主要有标准麻花钻和群钻。

1. 标准麻花钻的组成

标准麻花钻由柄部、颈部和工作部分组成,因其工作部分有两条螺旋形的沟槽，形似麻花，故得名麻花钻，如图 5-4 所示。麻花钻一般用如 W18Cr4V 或 W6Mo5Cr4V2 高速钢制成，并经淬火热处理，硬度可达 HRC62 ～ 68。

笔记

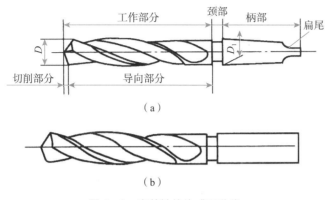

图 5-4　麻花钻的构成和分类

（a）扁尾锥柄式；（b）直柄式

（1）柄部：麻花钻的柄部主要作为钻头的固定部分和夹持部分，根据柄部的形状不同，可分为扁尾锥柄式和直柄式。当钻头直线小于 13 mm 时，采用装夹形式更加简单、制造更加方便的直柄式麻花钻。当钻头直径大于 13 mm 时，因钻头钻孔时需传递更大的扭矩，而直柄容易打滑，锥柄的扁尾形状可增加扭矩，所以较多采用扁尾锥柄式麻花钻。同时，拥有锥形柄部设计的麻花钻在拆装过程中也会更加方便。锥柄钻头的柄部采用莫氏锥度，共有莫氏 1 ～ 6 号，锥柄号越大，钻头直径也越大。

（2）颈部：麻花钻的颈部位于柄部和工作部分之间，其直径略小，是在磨制钻头时供砂轮退刀所用的越程槽。同时，钻头相关铭牌信息一般也刻于颈部（注：小钻头一般不做颈部）。

（3）工作部分：麻花钻的工作部分可分为导向部分和切削部分（钻尖），如图 5-5 所示。

导向部分由两条螺旋槽和刃带组成，主要作用为引导钻头进行正确方向的钻孔、容纳和排除切屑、便于导入切削液等。为了导向、修光孔壁，并减少钻身与孔壁之间的摩擦，导向部分的外缘有两条直径略有倒锥的棱边。

切削部分即钻头，由"六面五刃，两尖一心"构成，实际上相当于正反安装了两把内孔车刀的组合刀具，但钻头部分两把车刀的主切削刃高于工件中心。

切削部分两个螺旋表面称为前刀面，切屑沿此面流出；切削部分顶端两曲面称为主后刃面和后刃面，钻孔时，它与工件的切削表面相对；切削部分两刃带表面称为副后刃面，它与已加工表面相对；前刀面与主后刃面的交线称为主切削刃（两条），前刀面与副后刃面的交线称为副切削刃（两条）；主后刃面和后刃面的交

笔记

线称为横刃（一条）；主切削刃与副切削刃的交点称为刀尖；标准麻花钻工作部分沿轴心线的实心部分称为钻心，它连接两个螺旋形刃瓣，以保持标准麻花钻的强度和刚度。

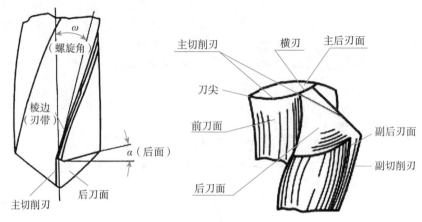

图 5-5　麻花钻的切削部分

2. 标准麻花钻的主要几何角度

如图 5-6 所示，标准麻花钻的几何角度主要有顶角（2ϕ）、前角（γ）、后角（α）、横刃斜角（ϕ）等。

（1）顶角（2ϕ）：钻头两主切削刃在其平行平面内投影的夹角。标准麻花钻的顶角为 118°±2°，顶角为 118° 时，两条主切削刃呈直线，顶角大于 118° 时，两条主切削刃呈凹形曲线，顶角小于 118° 时，两条主切削刃呈现凸形曲线。

顶角的大小影响钻削性能。顶角小，轴向抗力小，刀尖角大，有利于刀尖散热和提高耐用度，并降低孔的表面粗糙度，但切屑易卷曲，使钻孔过程中切屑排出困难。

（2）前角（γ）：前刀面与基面的夹角。标准麻花钻主切削刃上各点前角是变化的。其外缘处最大，自外缘向中心减小，在钻心至 $D/3$ 范围内为负值，接近横刃处的前角约为 - 30°。前角越大，刃口越锋利，切削力越小，但刃口越易磨损，刃口强度越低。

（3）后角（α）：主后刃面与切削平面的夹角。后角是在圆柱面内测量的。标准麻花钻主切削刃上各点后角也是变化的，其外缘处最小，靠近钻心处后角最大。后角影响主后刃面与切削表面的摩擦情况，后角越小，摩擦越严重，但刃口强度较高。

（4）横刃斜角（ϕ）：在端面投影中，横刃与主切削刃所夹的锐角。横刃斜角的大小主要由后角决定。当横刃斜角偏小时，横刃长度增加，靠近钻心处后角偏大。标准麻花钻的横刃斜角一般为 55° 左右。

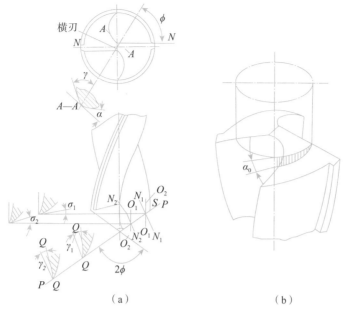

图 5-6　麻花钻的切削角度

3. 标准麻花钻的选择和拆装

（1）麻花钻头的选择主要依据两点：一是工件需要钻孔的直径尺寸，二是钻削的材料。

（2）直柄钻头的拆装：直柄钻头用钻夹头夹持，如图 5-7（a）所示。先将钻头柄部装入钻夹头的三爪内，其夹持长度大于 15 mm，然后用钻夹头钥匙旋转外套，环形螺母带动三爪移动，使钻头被夹紧或松开。拆卸时直柄钻头可直接旋出。

（3）锥柄钻头的装拆：钻头锥柄与主轴锥孔锥度号相同时，可直接将钻头装在钻床主轴上。当钻头锥柄与主轴锥孔锥度号不一致时，应选择适当的钻套，然后将钻套与钻头一并与主轴连接。装好后，在钻头下端放一垫铁，用力下压进给手柄，将钻头装紧，如图 5-7（b）所示。拆卸时，用正规楔铁插入钻套扁孔中，用手锤锤击楔铁尾部，取下钻头，如图 5-7（c）所示。

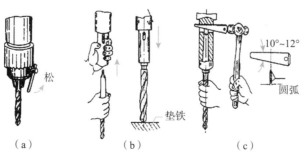

图 5-7　钻头拆装

（a）直柄钻头拆装；（b）锥柄钻头安装；（c）锥柄钻头拆卸

笔记

4. 标准麻花钻的缺点

实践证明，标准麻花钻头的切削部分存在以下缺点：

（1）横刃较长，横刃处前角为负值，在切削中，横刃处于挤刮状态，产生很大的轴向力，使钻头容易发生抖动，导致不易定心。

（2）主切削刃上各点的前角大小不同，致使各点切削性能不同。由于靠近钻心处的前角是负值，切削时处于挤刮状态，切削性能差，产生热量大，磨损严重。

（3）钻头棱边处的副后角为零，靠近切削部分的棱边与孔壁的摩擦比较严重，容易发热和磨损。

（4）主切削刃外缘处的刀尖角较小，前角很大，刀齿薄弱，而此处的切削速度却最高，故产生的切削热量多，磨损极为严重。

（5）主切削刃长，而且全刃参与切削。各点切屑流出速度的大小和方向都相差很大，会加剧切屑变形，使切屑卷曲成很宽的螺旋卷，容易堵塞容屑槽，故排屑困难。

5. 群钻

群钻，原名倪志福钻头，由倪志福于 1953 年所创造形成。群钻是利用标准麻花钻头经过合理刃磨而成的新型钻头，实质是将标准麻花钻的"一尖五刃"磨成"三尖七刃两开槽"，如图 5-8 所示。相比标准麻花钻头，群钻由于降低了钻尖高度、缩短了横刃长度、减小了刀刃前角并新增了月牙槽，因此具备生产率高、加工精度高、寿命高以及适应性强等优点。

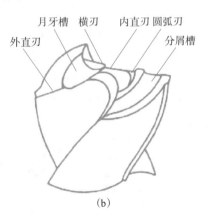

(a)   (b)

图 5-8 群钻

(a) 倪志福同志表演群钻；(b) 群钻的几何结构

三、切削量的选择

选择切削量的目的，是在保证加工精度、表面粗糙度及刀具合理耐用度的前提下，使生产率达到最高。钻孔时，由于切削深度由钻头直径确定，所以一般只需选择钻头进给量和切削速度。

1. 钻头进给量的选择

（1）在允许范围内，尽量先选择较大的进给量，当进给量受到表面粗糙度和钻头刚度的限制时，再考虑选择较大的切削速度。

（2）当孔的精度要求较高，内表面粗糙度要求较低，或钻孔的深度较深、钻头较长时，应选取较小的进给量；当钻头直径较大时，可适当选取较大的进给量。

2. 切削速度和转速的选择

切削速度是指钻头切削刃最外侧部分每分钟的移动量，而钻床主轴的转速和钻头的切削速度有关。

当钻孔的深度较深或钻头直径较大时，应选取较小的切削速度；当钻头直径较小时，可适当选取较大的切削速度。部分高速钢钻头切削速度可参考表 5-1，其他具体数值可查阅有关切削量手册。

表 5-1 高速钢钻头切削速度

工件材料		切削速度 / $(m \cdot min^{-1})$
铸铁	灰铸铁	9～33
	可锻铸铁	12～42
	球墨铸铁	12～30
钢及其合金钢	铸钢	15～24
	低碳钢	21～27
	中、高碳钢	12～22
	合金钢	10～18
	高速钢	约13
有色金属	铝合金、镁合金	75～90
	铜合金	20～48

根据选择好的切削速度，需要相应改变钻床主轴的转速。以台钻为例，钻床主轴的速度可以通过调整台钻上部金属罩内皮带轮的组合来实现。切削速度和主轴转速之间的关系公式如下：

笔记

$$v_c=\frac{\pi dn}{1000}$$

式中：

v_c—切削速度（m/min）；

d—麻花钻直径（mm）；

n—车床主轴转速（r/min）。

由上述公式可得：

$$n=\frac{v_c\times1000}{3.14\times d}$$

★例：用直径为 12 mm 的标准麻花钻头钻 Q235 钢板，试计算钻孔时钻头的转速。

解：由于普通 Q235 为低碳钢，根据表 5-1 可选择钻头切削速度为 25 m/min，将其带入公式可得：

$$n=\frac{25\times1000}{3.14\times12}\approx660\ \text{r/min}$$

因此，钻床主轴速度 n 可调整为 660 r/min。

四、钻孔时的冷却和润滑

钻削过程中，钻头与金属工件之间的高速摩擦会产生大量的热，使钻头迅速升温被磨损，甚至经历退火阶段从而彻底失去钻削能力。另外，较高的温度还将造成工件的变形从而降低钻孔质量。因此，钻削过程中需要合理选用切削液，切削液的主要作用为保证钻孔时钻头的冷却、润滑和清洁，同时相对于工件孔内表面来说会带有一定的防锈作用。

根据被加工工件的材料不同、孔加工精度的要求不同切削，切削液的选择也不同。如对于高强度金属材料，应选择以润滑为主的切削液；对于精加工的孔，应选择以润滑和防锈为主的切削液；对于粗加工的孔，应选择以冷却和清洗为主的切削液。相关切削液的选用可参考表 5-2。

表 5-2 钻孔切削液的选用

工件材料	切削液
各类结构钢	3%～5% 乳化液；7% 硫化乳化液
不锈钢、耐热钢	3% 肥皂加 2% 亚麻油水溶液；硫化切削油
紫铜、青铜、黄铜	5%～8% 乳化液；或不用
铸铁	5%～8% 乳化液；煤油；或不用
铝合金	5%～8% 乳化液；煤油；煤油与菜油的混合油；或不用
有机玻璃	5%～8% 乳化液；煤油

五、钻孔操作基本要点

1. 钻孔前的准备

（1）在工件上划出孔的加工位置，并在孔的中心打上样冲眼。在工件上划出几个大小不等的检查圆或检查方框，这种方法方便钻孔时对孔位置的查验，如图5-9所示。

（2）检查钻床运转情况，保证安全。

（3）根据工件材料，并按孔的直径选择钻头，检查钻头的基本情况。钻头安装后，调好转速，保证钻头在主轴上无径向跳动。

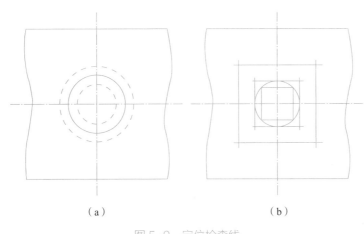

（a）   （b）

图5-9　定位检查线
(a)检查圆；(b)检查方框

2. 工件的夹持

（1）一般钻直径8 mm以下的孔，可用手捏住工件钻孔。

（2）手不能捏住的小工件或所钻孔直径超过8 mm时，必须用手虎钳夹持工件或用平口钳夹持工件，如5-10（a）和图5-10（b）所示，用手虎钳夹持工件钻通孔时，工件底部应垫上垫铁，空出落钻部位，以免钻坏手虎钳。

（3）钻大孔或不适宜用平口钳夹持的工件，可直接用压板、螺栓固定在钻床的工作台面上，如图5-10（c）所示。

搭压板时需注意：

①压板厚度与压紧螺栓直径的比例适当，不要造成压板弯曲变形进而影响压紧力。

②压板螺检应尽量靠近工件，垫铁应比工件压紧表面高度稍高，以保证对工

笔记

件有较大的压紧力并避免工件在夹紧过程中移动。

③当压紧表面为已加工表面时，要用衬垫进行保护防止压出印痕。

（4）圆柱形的工件可用 V 形铁对工件进行装夹，如图 5-10（d）所示。装夹时应使钻头轴心线与 V 形铁两斜面的对称面重合，保证钻出孔的中心线通过工件轴心线。

（5）底面不平或加工基准在侧面的工件，可用角铁进行装夹，如图 5-10（e）所示，由于钻孔时的轴向钻削力作用在角铁安装平面之外，故角铁必须用压板固定在钻床工作台上。

（6）圆柱工件端面钻孔，可利用三爪卡盘进行装夹，如图 5-10（f）所示。

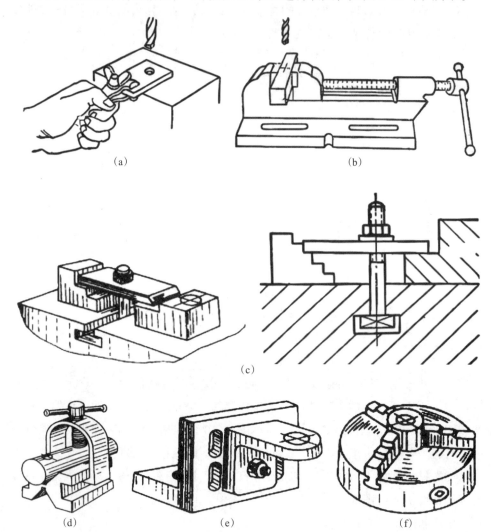

图 5-10　部分工件的夹持方法

（a）手虎钳夹持工件；（b）平口钳夹持工件；（c）压板固定工件；（d）V 形铁装夹工件；

（e）角铁装夹工件；（f）三爪卡盘装夹工件

3. 钻孔操作

笔记

（1）准备：钻孔前检查设备是否安全可靠，工件装夹是否牢固，扎紧袖口并束发，必要时穿戴防护眼镜。

（2）开车：先恰当选择转速，检查钻床运转是否正常。

（3）起钻：试钻一浅孔，如发现偏心，立即纠正，当偏心较小时，可在起钻时将工件向偏心的反方向推移进行逐步校正；当偏心较大时，可在校正方向打几个样冲眼或凿几条槽，以减少此处的钻削阻力，达到校正的目的；

开放切削液，当起钻达到钻孔的位置要求后，即可压紧工件完成钻孔。手动进给时，进给用力不应使钻头产生弯曲现象，以免使钻头轴线歪斜，钻小直径孔或深孔时，进给力要小，并要经常退钻排屑，以免切屑阻塞而扭断钻头，一般在钻深度达直径的 3 倍时，一定要退钻排屑。

钻孔将穿时，进给力必须减小，以防进给量突然过大，增大切削抗力，造成钻头折断，或使工件随着钻头转动造成事故。

4. 提高钻孔精度的方法

（1）刃磨钻头是前提。

（2）精确划线是基础。

（3）正确装夹是关键。

（4）准确找正是重点。

（5）认真检测不可少。

六、钻孔的注意事项和孔不合格的形式及产生原因

1. 钻孔操作的注意事项

（1）钻通孔在将要钻穿时，必须减少进给量，如果是自动进刀，则此时应改为手动进刀。★

（2）钻盲孔时，应按所需深度调整好挡块。★

（3）钻小直径孔、钻深孔或钻硬材料时，应经常退出钻头，排除铁屑，防止钻头过热和因金属屑卡死折断钻头。★

（4）清理切屑应用刷子刷，不可用手抹或用嘴吹，并且必须在停车后进行。

（5）钻床主轴换速、调换钻头和装拆工件时，必须停车后进行。

（6）钻薄板时，应用薄板群钻，以免孔不圆。

笔记

（7）钻孔直径超过 30 mm 时，一般应分两次钻成，首先钻一小孔（0.5～0.7倍的孔径），再用所需直径的钻头扩孔。

（8）注意切削液的流速，保证冷却效果。 ★

（9）头不准与旋转的主轴靠得太近，停车时应让主轴自然停止，不可用手去制动，也不可用反转制动。 ★

2. 钻孔后的注意事项

（1）钻孔后及时退出钻头，并在关闭钻床电源后，方能拿取工件。 ★

（2）拿取工件时，注意工件和钻头上的余温，防止烫伤。 ★

（3）对钻床桌面进行清理，金属屑放置在专门回收处，按照 6S 制度整理工台。

3. 钻孔后常见的不合格形式及产生原因

钻孔时常因为各种原因而导致孔的尺寸偏差或精度不达标，表 5-3 归纳了常见不合格孔的形式，并总结了产生这些情况的相关原因。

表 5-3　钻孔时常见的不合格形式及产生原因

不合格形式	产生原因
孔径大于规定尺寸	（1）钻头两主切削刃长短不等，高度不一致； （2）钻头主轴跳动或工作台没锁紧； （3）钻头弯曲或钻头没装夹好，引起跳动
孔呈多棱形	（1）钻头后角太大； （2）钻头两主切削刃长短不等，角度不对称
孔位置偏移	（1）工件划线不正确或装夹不正确； （2）样冲眼中心不准； （3）钻头横刃太长，定心不稳； （4）起钻过偏没有及时纠正
孔壁粗糙	（1）钻头不锋利； （2）进给量太大； （3）切削液性能差或供给不足； （4）切屑堵塞螺旋槽
孔歪斜	（1）钻头与工件表面不垂直，钻床主轴与工作台面不垂直； （2）进给量过大，造成钻头弯曲； （3）工件安装时，安装接触面上的切屑等污物没及时清除； （4）工件装夹不牢，钻孔时产生歪斜或工件有砂眼

续表

不合格形式	产生原因
钻头工作部分折断	（1）钻头已钝还继续钻孔； （2）进给量太大； （3）没经常退屑，使切屑在钻头螺旋槽中堵塞； （4）孔刚钻穿时没减小进给量； （5）工件没夹紧，钻孔时有松动； （6）钻黄铜等软金属及薄板料时，钻头没修磨； （7）孔已钻歪还继续钻孔
切削刃迅速磨损	（1）切削速度太高； （2）钻头几何角度的刃磨与工件材料硬度不符； （3）工件有硬块或砂眼； （4）进给量太大； （5）切削液输入不足

七、扩孔

　　扩孔，即将工件上钻的孔底通过钻头进一步加以扩大，扩孔的加工精度比钻孔高，尺寸精度可达 IT10 ～ IT9，表面粗糙度可达 12.5 ～ 3.2 μm，是常用作铰孔加工前的半精加工。一般来说，在钻直径较大的孔时（$D \geq 30$ mm），常先用小钻头（直径为孔径的 0.5 ～ 0.7 倍）预钻孔，然后再用相应尺寸的扩孔钻扩孔，这样可以提高孔的加工质量和生产率。

　　使用麻花钻预钻孔时，其参数基本与钻孔时相同。同时，由于扩孔时避免了麻花钻横刃切削的不良影响，可适当提高切削量。常用的扩孔刀具有麻花钻和扩孔钻，一般精度的可直接选用合适直径的麻花钻；而当精度要求较高时，则选用扩孔钻。

1. 不同的扩孔方式

　　（1）用麻花钻扩孔：标准麻花钻横刃不参加切削，轴向力小，进给省力。但钻头外缘处前角较大，易出现扎刀现象。因此，应将标准麻花钻外缘处前角适当修磨得小一些，并适当控制进给量。切削速度约为钻孔时的一半，进给量约为钻孔时的 1.5 ～ 2 倍。

　　（2）用扩孔钻扩孔：如图 5-11 所示，由于扩孔钻的切削刃较多，其扩孔时切削比较平稳，导向作用好，不易产生偏移，因此切削效果比麻花钻好。

笔记

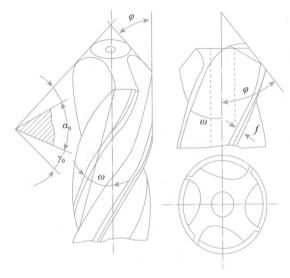

图 5-11　用扩孔钻扩孔

2. 扩孔注意要点

（1）钻孔后，在不改变工件和机床主轴相互位置的情况下，立即进行扩孔工序。

（2）扩孔前可先用镗刀镗出一段直径与扩孔钻相同的导向孔，这样可以使扩孔钻在一开始就拥有较好的导向，而不至于随着原有不正确的孔偏斜。这种方法多用于锻件孔和铸件孔的扩孔。

（3）扩孔时，也可以采用钻套为导向进行扩孔。

学 思 践 悟

常言道纸上谈兵不可取，可在钳工岗位工作20余年的中车株洲电机公司机修钳工曹建国（图5-12）就身怀"纸上谈兵"的绝技，即能在有机玻璃上对厚度仅0.03 mm的薄纸进行钻孔，并且做到薄纸钻破而玻璃无痕无损。高速转动下的双刃钻头锋利，能够轻易划破高强度的有机玻璃。在这样的条件下，做到纸破而玻璃无痕，难度可想而知。在纸张上钻孔需要精而准、快而稳。在钻头钻削过程中，一张薄纸只有0.03 mm厚，容易变形，且没有平处支撑、没有尖头定位、没有位置固定，纸张

图 5-12　曹建国——薄纸上机床钻孔

的每次移动和位置调整，凭借的都是曹建国的眼力、双手感觉和多年的操作经验。一台钻床，五张薄纸。在绝活演示中，曹建国左手握薄纸，右手握操作杆，让钻头逐步慢速贴近薄纸，薄纸一张张被钻破，而下一张完好无损。用钢针挑去切碎的薄纸，最底部的玻璃也完好无损。

记者采访得知，为锻炼和提升"手感"，曹建国在工作时十分较真，戴着老花镜在钻床边一坐就是好几个小时。这就是"工匠精神"，要不断磨炼自身精工细作、精雕细琢、精益求精的匠人品质，为掌握关键技术而不断奋斗。

（来源：新华社，2018 年 5 月 16 日，有删改）

任务练习

一、选择题

1. 钻头上缠绕金属屑时，应及时停车，用（   ）清除。

A. 手　　　　　　　　　　　B. 工件

C. 钩子　　　　　　　　　　D. 嘴吹

2. Z525 立钻主要用于（   ）。

A. 镗孔　　　　　　　　　　B. 钻孔

C. 铰孔　　　　　　　　　　D. 扩孔

3. 标准麻花钻主要用于（   ）。

A. 扩孔　　　　　　　　　　B. 钻孔

C. 铰孔　　　　　　　　　　D. 锪孔

4. 制造麻花钻头应选用（   ）材料。

A. T10　　　　　　　　　　B. W18Cr4V

C. 5CrMnMo　　　　　　　　D. 4Cr9Si2

5. 在校孔前，对孔进行镗削加工主要是为了减小钻孔和扩孔的（   ）。

A. 孔径误差　　　　　　　　B. 位置误差

C. 圆度误差　　　　　　　　D. 表面粗糙度

6. 直径超过（   ）mm 的孔需要分两次钻孔。

A. 15　　　　　　　　　　　B. 25

C. 28　　　　　　　　　　　D. 30

二、填空题

1. 钻床运转满_____应进行一次一级保养。

2. 钻头_____为零，靠近切削部分的棱边与孔壁的摩擦比较严重，容易发热和磨损。

3. 钻小直径孔、钻深孔或钻硬材料时，应经常_____，排除金属屑，防止钻头过热和因金属屑卡死折断钻头。

4. 标准麻花钻由_____、_____和_____组成。

5. 钻孔时，工件的夹持有_____、_____、_____、_____和_____等方式。

三、判断题

（　　）1. 在相同的钻床设备条件下，群钻的进给量比麻花钻大得多，因而钻孔效率会大大提高。

（　　）2. 钻削小孔时，钻头是在半封闭状态下工作，切削液难以进入切削区，因而切削温度高，磨损加快，钻头的使用寿命较短。

（　　）3. 用加长麻花钻钻深孔时，同深孔钻一样，可以一钻到底，不必在钻削过程中退钻排屑。

（　　）4. 麻花钻是以外圆柱面或外圆锥面作为安装基准面的。

（　　）5. 钻削相交孔时，一定要注意钻孔顺序：小孔先钻，大孔后钻；短孔先钻，长孔后钻。

（　　）6. 标准麻花钻的顶角为 110°。

（　　）7. 若钻削相同的孔，群钻的进给力、切削转矩均比麻花钻小，且切削时间短。

（　　）8. 在相同条件下，群钻的使用寿命和麻花钻是一样的。

（　　）9. 钻小孔时，因钻头纤细，强度低，容易折断，因此钻小孔时，钻头转速要比一般孔低。

（　　）10. 钻深孔时，除了钻头是一根细长杆外，其他与钻削一般孔没什么区别，因此，不用改变钻削深孔时的切削量。

（　　）11. 钻削精密孔时，应选用润滑性较好的切削液。

（　　）12. 扩孔是用扩孔钻对工件上已有的孔进行精加工。

四、简答题

1. 钻削直径 $\phi = 3$ mm 以下的小孔时，必须掌握哪些要点？

2. 钻削的切削量包括哪些内容？

3. 试说明麻花钻外缘处变蓝的原因。

4. 试说明钻孔时,孔壁粗糙的原因。

五、拓展题

1. 通过查找资料等方式,了解各种不同钻孔的加工方法。

2. 通过查找资料等方式,了解钻头刀刃的磨削方法。

3. 通过查找资料等方式,了解如何将普通麻花钻头改为群钻。

模块六

锪孔、铰孔与攻螺纹

适用专业：		适用年级：一年级	
任务名称：锪孔、铰孔与攻螺纹		任务编号：6-1	
姓名：	班级：	日期：	实训室：
任务下发人：		任务执行人：	

任务导入

如图 6-1（a）所示，发动机齿轮箱上有很多的螺栓连接，根据之前学习的内容，此时需要对箱体进行哪些工艺的加工？由于齿轮箱箱体一般为铸件，在铸造出来后其外表面很少再进行精细加工，那在安装螺栓连接时，如何保证螺纹孔与螺栓平面之间的平面度？

此外，在之前的学习中，我们了解了机用虎钳的装配图（图 6-1（b）），其中活动钳身使用螺钉 1 来固定内部的螺母，为什么此时需要加工出一个柱形沉头孔？同时，还使用螺钉 2 安装护口板在活动 / 固定钳身上，请联系护口板的作用，思考此时螺钉 2 的头部能超出护口板的平面吗？为什么要在护口板上加工出锥形沉头孔？

通过上述示例，大家认为是否所有零件的螺栓连接均需要保证连接面的平面度呢？是否所有零件的螺纹孔均需要加工出沉头孔呢？

图 6-1 机器实例
（a）发动机齿轮箱；（b）机用虎钳

学习目标

知识目标

（1）掌握锪孔、铰孔与攻螺纹的作用及所需工具。

（2）掌握锪孔、铰孔与攻螺纹工作要点及注意事项。

能力目标

（1）能根据图纸对工件进行锪孔、铰孔与攻螺纹。

（2）能针对锪孔、铰孔与攻螺纹中出现的问题进行分析与解决。

素质目标

（1）培养细致有序的工作观念及务实的作风。

（2）培养职业所需的高技术技能。

任务实训

一、任务描述

（1）分析锪孔、铰孔与钻孔／扩孔之间的联系和区别。

（2）根据图纸（图 6-2）进行锪孔、铰孔与攻螺纹练习。

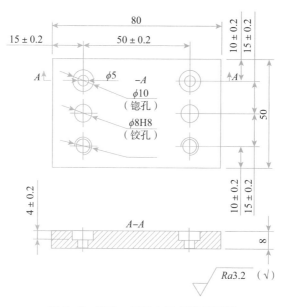

图 6-2　锪孔、铰孔与攻螺纹练习图

二、相关资料和工具

1. 相关资料

①教学课件；②钳工技能实训；③钳工中级工职业标准；④现代企业 6S 管理规范和操作要求；⑤钳工安全生产操作规程。

2. 相关工具

①钳工常用量具；②台钻；③台虎钳；④锪孔、铰孔与攻螺纹的相关刀具；⑤其他钳工常用工具。

三、任务实施

1. 任务实施说明

（1）学生分组：每小组 4 人。

（2）资料学习：学生学习相关资料并总结出要点。

（3）任务分析：针对课程目标，总结出任务实施过程的重点和难点。

（4）现场教学：①教师将重要知识点和操作要求进行讲解；②教师进行相关操作的实际示范。

（5）小组实施：小组讨论确定任务实施步骤后，开始实施任务，教师巡回指导。

（6）工件成果分析。

2.任务实施注意点

（1）加工工艺过程。

（2）锪孔时不同刀具的选择。

（3）铰孔时的余量确定和铰孔工艺的掌握。

（4）攻螺纹前底孔直径的确定及攻螺纹工艺的掌握。

（5）锪孔、铰孔与攻螺纹时的注意事项。

（6）遇到问题时小组进行讨论，可让教师参与讨论，通过团队合作获取问题的答案。

（7）注意 6S 意识的培养。

四、心得体会

根据实训任务的内容，谈一谈你的学习 / 实训体会。

五、评分标准

课题	考核项目	配分	考核点	评分标准	实测	得分	合计
锪孔、铰孔与攻螺纹	作品（80分）	10	孔距尺寸有偏差	超差 1 处扣 2 分			
		20	$2 \times \phi 10$ 锪孔深度为 4 ± 0.2 mm	超差 1 处扣 10 分			
		20	铰孔精度达到 IT8 等级	超差 1 处扣 10 分			
		20	$2 \times M8$ 攻螺纹	超差 1 处扣 10 分			
		10	牙形外观	超差 1 处扣 10 分			
	职业素养（20分）	10	遵守操作规程，安全文明生产	量具等工具使用不规范 1 次扣 2 分			
		10	练习过程及结束后的 6S 考核	工作服未按要求穿戴扣 2 分，练习结束未打扫卫生扣 5 分			

笔记

知识链接 〉

一、锪钻与锪孔

锪孔是指在金属已加工的孔端面上，使用锪钻再加工出柱形沉头孔、锥形沉头孔和凸台端面等，如图6-3所示。

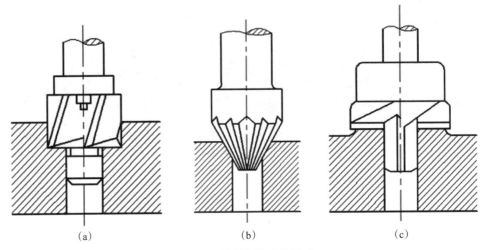

(a)　　　　　　　　(b)　　　　　　　　(c)

图6-3　锪钻与锪孔的形式

(a) 柱形锪钻 / 柱形沉头孔；(b) 锥形锪钻 / 锥形沉头孔；(c) 端面锪钻 / 凸台端面

锪孔的目的如下：

（1）利用锪钻钻出柱形或锥形沉头孔，可使沉头螺钉埋入孔内，把有关零件连接起来，并使外观整齐，装配位置紧凑。

（2）装配过程中，两个零件螺栓的距离比较近，此时利用沉头孔可以躲避螺栓之间的干涉。

（3）利用锪钻将孔口端面锪平，保证孔口端面与孔中心线的垂直度，以便保证与孔连接的零件位置正确，连接可靠（如：使连接螺栓或螺母的端面与连接件保持良好的接触）。

注意：无特殊情况，不建议锪沉头孔，一是增加工序，影响经济效益；二是降低零件强度。

1. 锪钻的种类和特点

如图6-3所示，锪钻主要分为柱形锪钻、锥形锪钻和端面锪钻。

（1）柱形锪钻：柱形锪钻用于锪圆柱形埋头孔，其部分参数如表6-1所示。柱形锪钻起主要切削作用的是端面刀刃，螺旋槽的斜角就是它的前角。锪钻前端有导柱，导柱直径与工件已有孔为紧密的间隙配合，以保证良好的定心和导向。这种导柱是可拆的，也可以把导柱和锪钻做成一体。

（2）锥形锪钻：锥形锪钻用于锪锥形孔。

锥形锪钻的锥角按工件锥形埋头孔的要求不同，主要分为 60°、75°、90°、100°、120° 等。其中 90° 的用得最多，且可用于孔口倒角。

（3）端面锪钻：端面锪钻用于锪平孔口端面。

端面锪钻可以保证孔的端面与孔中心线的垂直度。当已加工的孔径较小时，为了使刀杆保持一定强度，可将刀杆头部的一段直径与已加工孔为间隙配合，以保证良好的导向作用。

表 6-1　柱形锪钻参数对照表

对应螺丝孔	刃部直径 /mm	导柱直径 /mm	柄径 /mm
M3	6.5	3.2	6.0
M4	8.0	4.2	6.0
M5	9.5	5.2	8.0
M6	11.0	6.2	10.0
M8	14.0	8.2	12.0
M10	17.5	10.4	12.0
M12	20.0	12.4	12.0
M14	24.0	14.4	12.0
M16	26.0	16.5	16.0

2. 锪孔的工作要点

锪孔与钻孔的工作方法基本相同，锪孔时存在的主要问题是由于刀具振动而使所锪孔口的端面或锥面产生振痕，因此需要采取一定的措施和方法来避免振痕的产生。

（1）锪孔切削速度较低，一般为钻孔速度的 1/3 ～ 1/2，且锪孔时切削平稳，其进给量为钻孔时的 2 ～ 3 倍。精锪时，往往使钻床停车，利用停车后的惯性来进行锪孔，最大程度避免因振动而导致表面振痕。

（2）当锪孔表面出现多角形振纹等情况，应立即停止加工，并找出钻头刃磨

笔记

笔记

等问题，及时修正。

（3）若锪钻使用了可拆卸式的导柱，则导柱与孔的配合要合适，且需装夹牢固。

（4）当对钢件进行锪孔时，其切削热量大，必须选择适当的切削液进行冷却。

二、铰刀与铰孔

铰孔是利用铰刀从工件孔壁上切除微量金属表面层，从而提高孔的精度尺寸并降低表面粗糙度的一种加工方式。作为精加工孔的方法之一，相比内圆磨削和精镗，其加工方式简单、效率高、经济实用，加工精度可达 IT9 ～ IT7 级，表面粗糙度可达 3.2 ～ 0.8 μm。

1. 铰刀的种类和组成

铰刀的种类很多，常见的如图 6-4 所示。按用途可分为直柄机手用铰刀、直柄手用铰刀、直柄莫氏圆锥铰刀等；按使用方式可分为手用铰刀、机用铰刀；按铰孔形状可分为圆柱铰刀和圆锥铰刀；按切削部分的材料还可分为高速钢铰刀和硬质合金铰刀等。

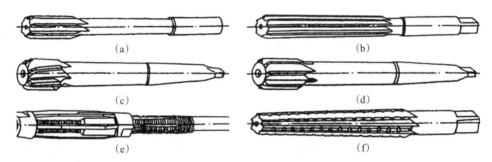

（a）   （b）

（c）   （d）

（e）   （f）

图 6-4　铰刀的种类

（a）直柄机用铰刀；（b）直柄手用铰刀；（c）硬质合金锥柄机用铰刀；
（d）锥柄机用铰刀；（e）可调节手用铰刀；（f）直柄莫氏圆锥铰刀

铰刀结构由工作部分、颈部及柄部组成。

（1）工作部分：包括引导部分、切削部分和校准部分，一般用高速钢制造，小直径手用铰刀可使用碳素工具钢制造。

（2）颈部：作为工作部分和柄部的连接部分，机用铰刀的颈部较长，而手用铰刀的颈部较短。

（3）柄部：用于装夹和传递扭矩。

2. 铰杠

铰杠是扳转手用铰刀的工具，如图 6-5 所示。

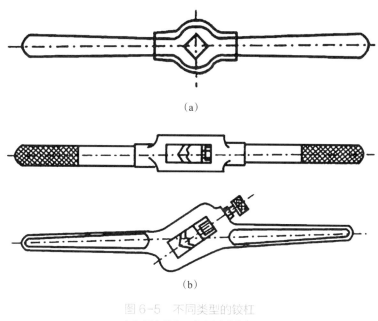

（a）

（b）

图 6-5 不同类型的铰杠
（a）固定铰杠；（b）活动铰杠

3. 铰削余量及手动铰孔工艺

（1）铰削余量：指上道工序（钻孔或扩孔）留下来的直径方向的余量。

铰削余量必须适度，太大的铰削余量会使刀齿切削负荷增大，切削热增大，孔径易胀大，表面粗糙度增大，太小的铰削余量，不能去除上道工序的加工痕迹，仍然达不到孔的加工精度要求。

进行铰削余量的选择时，应从孔的加工精度、表面粗糙度、工件材料、孔径大小、上道工序中孔的加工质量等因素综合考虑。如用高速钢标准铰刀铰孔时，铰削余量如表 6-2 所示。

表 6-2 高速钢标准铰刀铰削余量

铰孔直径 /mm	<5	5～20	21～32	33～50	51～70
铰削余量 /mm	0.1～0.2	0.2～0.3	0.3	0.5	0.8

（2）手动铰孔工艺：分为起铰、进铰和退刀三个部分。

①起铰：用右手抓住铰杠中部，把铰刀对准孔，尽量使铰刀与孔同轴，向下施加一定压力，同时与左手配合旋转铰杠，铰 2～3 圈后再进行正常铰削。

笔记

②进铰：两手用力均匀、平衡，保持铰刀与孔同轴，不得有侧向用力，同时适当加压，使铰刀均匀进给。

③退刀：铰削完成后，仍按相同方向旋转铰刀，同时慢慢用力向上抬铰杠，退出铰刀。

4. 铰孔时的润滑

铰孔时加冷却润滑液的目的是冲掉切屑、散热和润滑。

铰孔的冷却润滑液有乳化液、切削油等。铰孔时加注乳化液，铰出的孔径略小于刀尺寸，且表面粗糙度较小；铰孔时加注切削油，铰出的孔径略大于铰刀尺寸，且表面粗糙度较大；铰孔时不加冷却润滑液，铰出的孔径最大，且表面粗糙度最大。

5. 铰孔时的注意事项

（1）工件要夹正，操作时对铰刀的铅锤方向有正确的视觉标志。

（2）手铰孔时，两手用力要均衡，保持铰削的稳定性，避免由于铰刀的摇摆而造成孔口喇叭状和孔径扩大，如果中途铰刀被卡住，不能盲目用力扳动铰刀，防止损坏铰刀，应设法将铰刀取出，消除切屑。如有轻微磨损或崩刃，可用油石修理研磨，然后加切削液缓慢进给铰削。

（3）铰孔过程中，进给或退刀时，不允许反转，因为铰刀反转会使切屑轧在刀齿的后刀面和孔壁之间，将孔壁拉毛。

（4）机铰时，要注意钻床主轴、铰刀和工件孔三者的同轴度误差是否符合要求。

（5）要注意变换铰刀的停歇位置，以消除铰刀常在同一位置停歇造成的振痕。

（6）铰削锥孔时，要经常用相配的锥销检查铰孔尺寸，当锥销自由插入其全长的80% ～ 85%时，应停止铰孔。

（7）对于精度和表面质量要求一般的孔（如 IT9，Ra 3.2 μm），加工工艺为：钻孔—扩孔—铰孔；对于精度和表面质量要求较高的孔（如 IT7，Ra 1.6 μm），加工工艺为：钻孔—扩孔—粗铰—精铰。

6. 铰刀损坏形式及原因

铰孔过程中，由于铰削用量选择不合理，操作不当等原因会引起铰刀过早地损坏，其具体损坏形式如表6-3所示。

表6-3　铰刀损坏形式及原因

损坏形式	损坏原因
过早磨损	（1）切削刃表面粗糙，耐磨性降低； （2）切削液选择不当； （3）工件材料过硬
崩刃	（1）铰刀前、后角过大，刀刃强度降低； （2）铰刀偏摆过大，切削负荷不均匀； （3）退出铰刀时反转，导致切屑嵌入刀刃和孔壁之间
折断	（1）铰削用量过大； （2）进给量过大； （3）铰刀卡住后，仍继续铰孔／退刀； （4）铰制过程中，两手用力不均匀，导致铰刀轴心线偏离孔的轴心线

7. 铰孔时常见的不合格形式及产生原因

铰孔时常因为各种原因而导致孔的尺寸偏差或精度不达标，表6-4归纳了常见不合格孔的形式，并总结了产生的相关原因。

表6-4　铰孔时常见的不合格形式及产生原因

不合格形式	产生原因
孔表面粗糙度未达要求	（1）铰刀刃口不锋利或有崩齿，铰刀切削部分和校准部分粗糙； （2）切削刃上粘有积屑瘤，或容屑槽内切屑黏结过多没清除； （3）铰削余量太大或太小，刀退出时反转； （4）切削液不充分或选择不当； （5）手铰时，铰刀旋转不平稳
孔径扩大	（1）手铰时，铰刀旋转不平稳。机铰时，铰刀轴心线与工件轴心线不重合； （2）铰刀没研磨，直径不符合要求； （3）进给量和铰削余量太大； （4）切削速度太高，使铰刀温度上升，直径增大
孔径缩小	（1）铰刀磨损后，尺寸变小并继续使用； （2）铰削余量太大，使孔弹性复原导致孔径缩小； （3）铰铸铁件时加了煤油
孔呈多棱形	（1）铰削余量太大和铰刀切削刃不锋利，产生振动而成多棱形； （2）钻孔不圆使铰刀产生弹跳； （3）机铰时，钻床主轴跳动量太大
孔轴线不直	（1）预钻孔孔壁不直，铰削时没能使原有弯曲度得到纠正； （2）铰刀主偏角太大，导向不良，使铰削方向发生偏歪； （3）手铰时两手用力不匀

笔记

三、攻螺纹

钳工使用丝锥在工件孔中切削出内螺纹的加工方法，称为攻螺纹，俗称攻丝。使用板牙在圆柱棒上切出外螺纹的加工方法称为套螺纹，俗称套扣。本模块中仅介绍常用的攻螺纹。

1. 螺纹

螺纹加工是金属切削中的重要内容，根据螺纹牙形可分为矩形螺纹、梯形螺纹、锯齿形螺纹和三角形螺纹等，如图6-6所示。

矩形螺纹：其断面为矩形，又被称为方形螺纹，主要用于传动。其传动效率高。但因为其不易磨制，且内外螺纹旋合定心较难，故常被梯形螺纹所替代。

梯形螺纹（Tr）：其断面为梯形，又被称为爱克姆螺纹，传动效率略低于矩形螺纹，但制造更为简单方便。

锯齿形螺纹（B）：其断面为锯齿形，又被称为斜方螺纹，由于其工作边接近于矩形直边，因此多用于承受单侧轴向力，如螺旋千斤顶、加压机等。

三角形螺纹（M）：其断面为三角形，又被称为普通螺纹，其用途非常广泛，自锁性能很好，根据螺距的不同可分为粗牙和细牙两种。

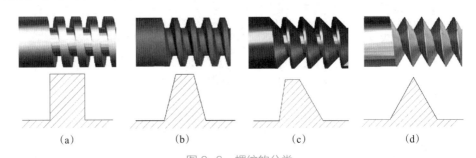

(a)   (b)   (c)   (d)

图6-6 螺纹的分类

(a) 矩形螺纹；(b) 梯形螺纹；(c) 锯齿形螺纹；(d) 三角形螺纹

在钳工技能实训中，主要加工的是普通螺纹。普通螺纹同一系列分为粗牙和细牙两种，两者的螺距对比如图6-7所示，且其螺纹直径和螺距之间的关系如表6-5所示，其中粗牙螺纹一般就指标准普通螺纹，在无特殊说明下，一般购买的不锈钢螺丝等紧固件都是粗牙螺纹。粗牙螺纹的螺距较大，具有较高的强度，互换性好，但在振动情况下需要加装防松垫圈和自锁装置等。细牙螺纹的螺距小，升角小，自锁性能更好，常用于需要自锁性的地方和细小零件薄管壁中，如汽车变速器上的螺栓、螺钉等。

加工螺纹的方法有很多，一般精度高的螺纹需要在车床上加工，如车削、铣削、滚丝、搓丝等，而钳工一般则使用丝锥攻螺纹或板牙套螺纹的方法加工三角形螺纹。

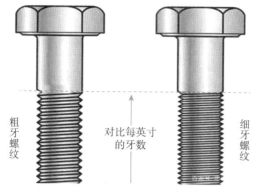

图 6-7　粗牙螺纹与细牙螺纹的对比

表 6-5　普通螺纹直径与螺距

公称直径（D、d）/mm			螺距（p）/mm	
第一系列 （优先选用）	第二系列 （可选用）	第三系列 （非必要不选用）	粗牙	细牙 （括号内尺寸非必要不选用）
4			0.7	0.5
5			0.8	0.5
6		7	1	0.75、0.5
8			1.25	1、0.75、（0.5）
10			1.5	1.25、1、0.75、（0.5）
12			1.75	1.5、1.25、1、（0.75）、（0.5）
	14		2	1.5、（1.25）、1、（0.75）、（0.5）
		15		1.5、（1）
16			2	1.5、1、（0.75）、（0.5）
20	18		2.5	2、1.5、1、（0.75）、（0.5）
24			3	2、1.5、1、（0.75）
		25		2、1.5、（1）
	27		3	2、1.5、1、（0.75）
30			3.5	（3）、2、1.5、1、（0.75）
36			4	3、2、1.5、（1）
		40		（3）、（2）、1.5
42	45		4.5	（4）、3、2、1.5、（1）

笔记

续表

公称直径（D、d）/mm			螺距（p）/mm	
第一系列 （优先选用）	第二系列 （可选用）	第三系列 （非必要不选用）	粗牙	细牙 （括号内尺寸非必要不选用）
48			5	（4）、3、2、1.5、（1）
		50		（3）、（2）、1.5

2. 丝锥和铰手

（1）丝锥的构造：丝锥按照驱动方式不同分为手用丝锥、机用丝锥和管子丝锥，和加工的螺纹一样，它们也有粗牙和细牙之分。下文中，介绍的是钳工常用的手用丝锥。

丝锥由工作部分和柄部构成，如图 6-8 所示。同时，工作部分由切削部分和校准部分构成。

①切削部分：有锋利的刀刃，主要是扩孔切削材料的作用。丝锥前端磨出锥角，在切削时起引导作用，切削也比较省力。在切削部分和校准部分沿轴向有几条直槽（一般为四条），称为容屑槽，主要起排屑作用，同时便于注入冷却润滑液。

②校准部分：有完整的牙纹，用来修光和校准已经切除的螺纹。当丝锥的切削部分完全进入工件孔内部后，就不再需要施加压力，依靠丝锥的自然旋进即可进行切削。

③柄部：有方头，方便夹持并用来传递扭矩，规格标志也刻在柄部。

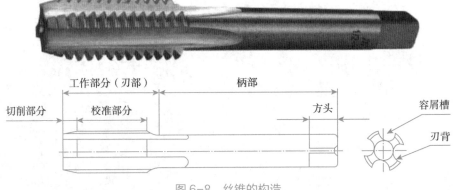

图 6-8 丝锥的构造

（2）成组丝锥切削量的分配：为了合理地分配攻螺纹的切削负荷，提高丝锥的使用寿命和螺孔的攻制质量，攻螺纹时使用若干支丝锥为一组，分担每次螺孔的切削量。通常，小于 M6 的丝锥都制成三支一套，M6～M24 的丝锥制成两支一套，大于 M24 的丝锥制成三支一套。在成组丝锥中，对每支丝锥的切削量分配有两种形式，锥形分配和柱形分配。

①锥形分配：指在一组丝锥中，每支丝锥的大径、中径和小径都相同，所以也称等径丝锥，所不同的只是切削部分的长度和主偏角不同，如图6-9（a）所示。

以三支/组为例，可分为头攻、二攻和三攻。初锥（头攻）的切削部分长度为5～7个螺距，中锥（二攻）的切削部分长度为2.5～4个螺距，底锥（三攻）的切削部分长度为1.5～2个螺距。这种分配形式的丝锥制造简单。中锥和底锥使用超过磨损极限后可改为初锥使用，利用率较高。在加工通孔螺纹时，只需使用初锥丝锥就能攻制出符合螺纹参数要求的螺孔，所以效率较高。但是，锥形分配的丝锥攻制螺纹时，切削负荷由一支丝锥承担，所以承受的负荷较大，丝锥易磨损，而且攻制的螺纹精度和表面粗糙度都较差，一般用于M12以下的场合。

②柱形分配：指一组丝锥中各丝锥的大径、中径和小径都不相同，所以也称不等径丝锥。此外，各丝锥的切削长度和主偏角也各不相同，如图6-9（b）所示。

以三支/组为例，可分为头攻（第一粗锥）、二攻（第二粗锥）和三攻（精锥），只有精锥才具有螺纹要求的廓形和尺寸。柱形分配丝锥攻制螺纹时切削负荷分配合理。因此攻螺纹省力，丝锥磨损均匀，而且精锥攻螺纹时顶刃和侧刃均有切削余量，攻出的螺纹精度和表面粗糙度都较好。但是，柱形分配丝锥每组内各丝锥的螺纹参数都不相同，设计以及制造均较困难，而且不论加工通孔螺纹还是不通孔螺纹，都必须经过精锥加工才符合螺纹参数的要求，所以生产率较低。一般情况下，不等径丝锥用于M12以上的场合。

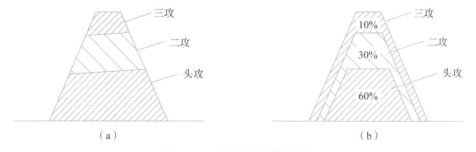

图6-9　成套丝锥切削量分配

（a）锥形分配；（b）柱形分配

（3）丝锥的标志：为了方便正确选用丝锥，每一种丝锥都有相应的标志。如制造厂商、螺纹代号、公差带代号、材料代号等。

（4）铰手：手工攻丝时使用的一种辅助工具，主要用来夹持丝锥和传递扭矩，和铰孔所用的铰杠类似，如图6-10所示。

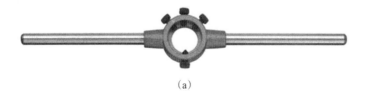

（a）

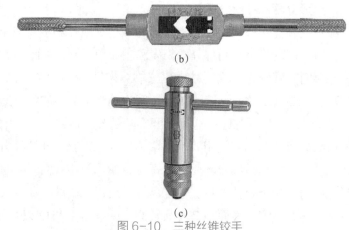

(b)

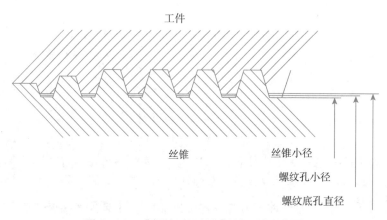

(c)

图 6-10　三种丝锥铰手
(a) 固定式铰手;(b) 可调式铰手;(c) 棘轮式丁字铰手

3. 攻螺纹前螺纹底孔直径与孔深的确定

（1）攻螺纹前螺纹底孔直径的确定。

攻螺纹时，由于丝锥对工件材料产生挤压，螺纹底孔表面材料被抬起，使得攻出的螺纹孔小径小于螺纹底孔直径，如图 6-11 所示。如果螺纹底孔直径与螺纹小径相同，则由于材料的挤压作用，导致螺纹牙顶与丝锥牙底没有足够的容屑空间，螺纹牙顶嵌入丝锥刀齿的根部，使加工无法正常进行。因此，攻螺纹前的螺纹底孔直径应稍稍大于螺纹孔小径，其计算公式根据工件材料的特性和扩张量进行考虑。

工件

丝锥　　　　　丝锥小径
　　　　　螺纹孔小径
　　　　　螺纹底孔直径

图 6-11　攻螺纹时工件与丝锥尺寸示意图

当加工钢和其他塑性大的材料，扩张量中等时，螺纹底孔直径的计算公式为
$$D_0 = D - P$$
当加工铸铁和其他塑性较小的材料，扩张量较小时，底孔直径的计算公式为
$$D_0 = D - (1.05 \sim 1.1)P$$

116

式中：

D_0——攻螺纹前底孔直径；

D——螺纹直径；

P——螺距。

普通螺纹攻螺纹前钻底孔的钻头直径如表6-6所示。

表6-6　普通螺纹攻螺纹前钻底孔的钻头直径

螺纹直径（D）	螺距（P）	钻头直径		螺纹直径（D）	螺距（P）	钻头直径	
		铸铁青铜黄铜	钢可锻铸铁紫铜			铸铁青铜黄铜	钢可锻铸铁紫铜
2	0.4（粗牙）	1.6	1.6	14	2	11.8	12
	0.25	1.75	1.75		1.5	12.4	12.5
2.5	0.45	2.05	2.05	16	2	13.8	14
	0.35	2.15	2.15		1.5	14.4	14.5
3	0.5	2.5	2.5		1	14.9	15
	0.35	2.65	2.65	18	2.5	15.3	15.5
4	0.7	3.3	3.3		2	15.8	16
	0.5	3.5	3.5		1.5	16.4	16.5
5	0.8	4.1	4.2		1	16.9	17
	0.5	4.5	4.5	20	2.5	17.3	17.5
6	1	4.9	5		2	17.8	18
	0.75	5.2	5.2		1.5	18.4	18.5
8	1.25	6.6	6.7		1	18.9	19
	1	6.9	7	22	2.5	19.3	19.5
10	1.5	8.4	8.5		2	19.8	20
	1.25	8.6	8.7		1.5	20.4	20.5
	1	8.9	8		1	20.9	21
	0.75	9.1	9.2	24	3	20.7	21
12	1.75	10.1	10.2		2	21.8	22
	1.5	10.4	10.5		1.5	22.4	22.5
	1.25	10.6	10.7		1	22.9	23
	1	10.9	11				

（2）攻螺纹前螺纹底孔孔深的确定。

当攻螺纹的孔不是通孔时，因为丝锥切削部分有锥角，端部无法切出完整的牙形，因此钻孔的底孔深度要大于螺纹的有效深度：

$$H = H_0 + 0.7D$$

式中：

H——底孔深度；

H_0——螺纹有效深度；

D——螺纹直径。

★例：计算在不通孔钢件上攻 M12 螺纹时的底孔直径为多少？若其螺纹有效深度为 30 mm，则底孔深度为多少？并选择钻头。

解：查表 6-5 可知，M12 的粗牙螺距 $P = 1.75$ mm；

钢件攻螺纹底孔直径：

$$D_0 = D - P = 12 - 1.75 = 10.25 \text{ mm}$$

底孔深度：

$$H = H_0 + 0.7D = 30 + 0.7 \times 12 = 38.4 \text{ mm}$$

根据计算，查表 6-5 可知，选用直径为 10.2 mm 的钻头。

4. 攻螺纹的工艺

（1）起攻：用头锥起攻，其操作如图 6-12（a）所示。用右手抓住铰手中部，把丝锥对准孔，尽量使丝锥与孔同轴，向下施加一定压力，同时左手配合旋转铰手，当丝锥切入 1～2 圈时，用直角尺在两个互相垂直的方向检查并校正，如图 6-12（b）所示。

（2）进铰：确定丝锥没有歪斜后，用双手均匀用力旋转铰手，同时略向下施加一定压力。当丝锥的切削部分全部切入工件后，就不需向下施加压力，只需平稳地转动铰手即可，如图 6-12（c）所示。

（3）退刀：当丝锥切削部分完全从螺孔中出来时，可进行退刀。双手握持铰手反向旋转，退出丝锥。再用二锥攻螺纹，保证螺纹有良好的旋入性。

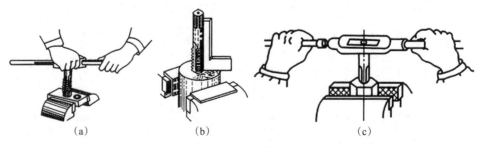

图 6-12 攻螺纹

(a) 起攻；(b) 检查并校正；(c) 进铰

5. 攻螺纹的注意事项

（1）攻螺纹时，每正向旋转 1 ～ 2 圈应反向回转半圈排屑，以免切屑堵塞使丝锥卡死。

（2）攻螺纹时，应按头锥、二锥的顺序攻至标准尺寸，保证螺纹有良好的旋入性。

（3）攻螺纹过程中，调换丝锥时要用手先旋入，直到不能再旋转时，才能用铰手转动，以免损坏螺纹和产生乱牙。

（4）攻盲孔时，可在丝锥上做标记，并经常退出丝锥排屑，防止切屑堵塞使丝锥折断或达不到深度要求。

（5）在钢件或塑性、韧性较好的材料上攻丝时，应加切削液，以减小切削阻力，提高螺纹表面质量，延长丝锥的使用寿命。一般钢件用机油或浓度较高的乳化液，质量要求较高的用菜油或二硫化钼，铸铁用煤油。

6. 攻螺纹时常见的不合格形式及产生原因

攻螺纹时常因为各种原因而导致孔螺纹的尺寸偏差或精度不达标，表 6-7 归纳了常见不合格螺纹的形式，并总结了它们产生的相关原因。

表 6-7　攻螺纹时常见的不合格形式及产生原因

不合格形式	产生原因
烂牙	（1）螺纹底孔直径太小，丝锥不易切入，使孔口烂牙； （2）换用二锥或三锥时，没有与已切出的螺纹旋合好就用铰手转动丝锥； （3）对塑性材料没加切削液或丝锥没经常反转； （4）头锥攻螺纹不正，用二锥强行纠正； （5）丝锥磨钝或切削刃有黏屑； （6）丝锥铰手掌握不稳，攻强度较低材料时容易被切烂牙
滑牙	（1）攻盲孔螺纹时，丝锥已到底仍继续扭转； （2）在强度较低的材料上攻小螺纹时，丝锥已经切出螺纹后仍继续施加压力
螺纹歪斜	（1）丝锥位置不正； （2）攻螺纹时丝锥与螺孔轴线不同轴
螺纹牙深不够	（1）攻螺纹前底孔直径太大； （2）丝锥磨损

笔记

学 思 践 悟

2012 年 11 月 23 日，歼-15 战斗机第一次在辽宁舰的甲板上被阻拦索稳稳拉住，成功着舰。时间回到两年前，2010 年，戴振涛（图 6-13）和他的班组接到了我国第一台航母阻拦机的安装任务。"阻拦机中每个装置的安装精度都可能对舰载机和飞行员的安全产生重要影响。"戴振涛说。阻拦机横跨船尾左右舷，装备巨大，但仅导轨的水平精度，就要求每米不超过一根头发丝六分之一精细的误差。为此，戴振涛带领班组反复地对各项数据进行测量、计算、调整，天气、风向、载重等因素变化都要考虑在内。

图 6-13 大国工匠——戴振涛

经过坚持不懈地攻坚，戴振涛和他的班组先后完成了机舱动力设备、舵机、汽轮冷水机组、全船生活保障设备、特装设备等 600 余套设备的安装和调试工作，尤其在飞机起降特装设备施工中，完成了核心设备——飞机轮挡止动装置、偏流板装置、阻拦机装置的安装及调试工作，使其在各种工况下经受住考验。在施工现场，大家常称赞戴振涛是辅机舵系安装调试的"大拿"。2012 年 9 月 25 日，我国第一艘航空母舰辽宁舰正式交付，那天刚好是戴振涛 34 岁生日，这份"生日礼物"让戴振涛一生难忘。

从接触民品船舶，到参与我国航母建造，再到如今各式船舶设备的调试维护，戴振涛始终"在船上，在现场"。在一次某船舵系钻孔铰孔施工中，戴振涛发现，磁力钻钻孔误差较大会影响铰孔施工进度，增加工人劳动强度。经过反复的研究和试验，他创新出的可调式磁力钻机座，能在提高钻孔精度的同时，大大减轻工人的劳动强度，保证了生产节点的按期实现。据不完全统计，该操作工法的创新，在保证工作质量的同时为该道工序的完成节约工时 288 个，经集团在各在建船舶推广，该工法已累计为集团节约费用千万余元。2019 年，戴振涛获得"大国工匠年度人物"荣誉称号。

"我常对徒弟们说，钳工做的是精细活，要钻研，耐心做好每一个基础工作。"戴振涛说。近 3 年来，以戴振涛名字命名的辽宁省劳模创新工作室，已有 5 人晋升为高级技师，11 人晋升为技师，10 人晋升为高级工；确立创新课题 9 项，其中 6 项已转化为成果；完成工法创新 3 项，提出技术改进项目 146 项。工作室为大船集团培养一批高技能人才的同时，也为国家重点工程的建造提供了有力的技术和技能服务支持。十年日复一日，良工方能成为巧匠，不怕枯燥，不怕单调，恪尽职守，精益求精，铸就了工匠精神。一个国家、一个民族的发展，离不开各行各业劳动者的共同推动。有许许多多像戴振涛这样的人，在平凡的岗位创造非凡的业绩，为中国制造高质量发展保驾护航。

（来源：工人日报，2020 年 11 月 23 日，有删改）

任务练习

一、选择题

1. 用标准铰刀铰削直径为 40 mm、IT8 级精度、表面粗糙度为 1.6 μm 的孔，其工艺过程是（　　）。

  A. 钻孔—扩孔—铰孔　　　　　　B. 钻孔—扩孔—粗铰—精铰

  C. 钻孔—粗铰—精铰　　　　　　D. 钻孔—扩孔—精铰

2. 攻螺纹是用丝锥在工件孔中切出（　　）的加工方法。

  A. 内螺纹　　　　　　　　　　　B. 外螺纹

  C. 梯形螺纹　　　　　　　　　　D. 任意螺纹

3. 锪钻的类型有（　　）种。

  A. 1　　　　　　　　　　　　　B. 2

  C. 3　　　　　　　　　　　　　D. 4

4. 锥形锪钻的锥角有以下四种，其中（　　）用得最多。

  A. 60°　　　　　　　　　　　　B. 75°

  C. 90°　　　　　　　　　　　　D. 120°

5. 攻不通孔螺纹时，丝锥已到底仍继续扳转会造成（　　）。

  A. 烂牙　　　　　　　　　　　　B. 螺纹牙深不够

  C. 螺孔攻歪　　　　　　　　　　D. 滑牙

二、判断题

（　　）1. 用钻头、铰刀等定尺寸刀具进行加工时，被加工表面的尺寸精度不会受刀具工作部分的尺寸及制造精度的影响。

（　　）2. 采用手铰刀时，铰刀在孔中不能反向旋转，否则容易拉伤孔壁。

（　　）3. 在不同材料上铰孔，应从较软材料一方铰入。

（　　）4. 扩孔不能作为孔的最终加工。

（　　）5. 手用铰刀的切削部分比机用铰刀短。

（　　）6. 铰孔后，一般情况工件直径会比铰刀直径大一些，该值称为铰刀扩张量。

（　　）7. 铰刀铰削钢料时，加工余量太大会造成孔径缩小。

笔记

三、填空题

1. 铰锥孔，为使铰孔_____，锥铰刀一般制成_____把一套，其中一把是_____铰刀，其余是_____铰刀。

2. 攻螺纹时，丝锥切削刃对材料产生挤压，因此攻螺纹前_____直径即钻削孔径必须稍_____螺纹内径的尺寸。

3. 攻螺纹时，应按_____、_____的顺序攻至标准尺寸，保证螺纹有良好的旋入性。

4. 攻螺纹过程中，调换丝锥时要用_____先旋入，直到不能再旋转时，才能用_____转动，以免损坏螺纹和产生乱牙。

5. 攻盲孔螺纹时，为加工出完整的螺纹牙形，钻孔深度应大于所要求的螺纹深度，其数值为_____倍的内螺纹大径。

四、简答题

1. 简述铰孔时造成孔径扩大的原因。

2. 为什么要对铰刀进行研磨？常用的铰刀研具有哪几种？

3. 攻螺纹时造成螺纹表面粗糙的原因有哪些？

4. 攻螺纹后螺孔出现烂牙和螺纹歪斜的原因有哪些？

五、拓展题

1. 查阅资料，了解不同螺纹孔在图纸上的表达形式。

2.查阅资料，了解套螺纹的相关加工方法及操作规程。

3.查阅资料，试解释为什么铰铸铁件时不能加煤油。

4.查阅资料，了解机床加工内外螺纹的方式有哪些。

模块七

综合制作

适用专业：		适用年级：一年级	
任务名称：综合制作		任务编号：7-1	
姓名：	班级：	日期：	实训室：
任务下发人：		任务执行人：	

任务导入 》

　　之前学习的内容均是对单一零件进行加工，但在实际生产中，所有的零件最终都会被用来装配成一个机器/机构。如图 7-1 所示，内燃机由气缸体、活塞、曲轴、齿轮等零件组成，想要使汽油在封闭的环境内燃烧做功，每个零件之间都有严格的配合关系，大家听说过发动机出现过哪些故障呢？根据已有知识对其故障进行简单分析。

图 7-1　内燃机

　　内燃机如此精美的工艺品无法单凭钳工进行完成，那我们是否能通过所学的基本技能加工出简单的、属于自己的工艺品，并进行成功装配呢？在锉、锯过程中，我们先加工哪一个零件？如何控制加工的尺寸？又如何保证配件的尺寸关系及配合精度？

学习目标 》

　　知识目标

　　（1）熟练掌握锉、锯、钻孔等钳工基本技能。

　　（2）熟练利用不同量具对工件进行测量。

能力目标

（1）可以根据凸凹配件图纸进一步理解形位公差的概念。

（2）能利用钳工常用工具对凸凹配件进行加工。

素质目标

（1）具有事业心和责任感。

（2）培养精益求精、恪尽职守的品质。

任务实训 〉

一、任务描述

（1）根据图纸（图7-2、图7-3）要求，进行零件加工的工艺编制。

（2）在加工过程中，提高各种量具的测量准确性。

（3）凸凹配件加工时，注意尺寸链之间的关系。

（4）根据图纸要求进行零件加工。

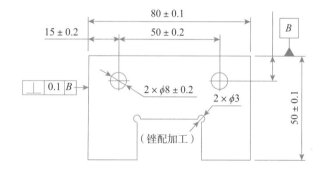

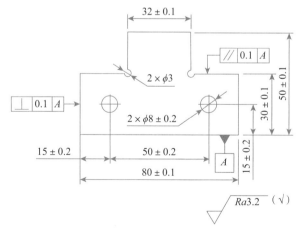

图7-2　配件1和配件2加工图

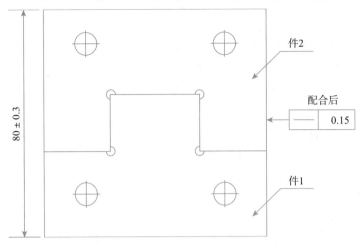

图 7-3　配件 1 和配件 2 配合图

技术要求：

（1）板厚 6 mm，已磨至尺寸，无需加工。

（2）材料为 Q235 钢板。

（3）去除毛刺，倒棱角 C 0.3。

（4）配合间隙 ≤ 0.1 mm。

（5）配合面不允许倒角。

二、相关资料和工具

1.相关资料

①教学课件；②钳工技能实训；③钳工中级工职业标准；④现代企业 6S 管理规范和操作要求；⑤钳工安全生产操作规程。

2.相关工具

①钳工常用量具；②台钻；③台虎钳；④其他钳工常用工具。

三、任务实施

1.任务实施说明

（1）学生分组：每小组 4 人。

（2）资料学习：学生学习相关资料并总结出要点。

（3）任务分析：针对课程目标，总结出任务实施过程的重点和难点。

（4）现场教学：①教师将重要知识点和操作要求进行讲解；②教师进行相关操作的实际示范。

（5）小组实施：小组讨论确定任务实施步骤后，开始实施任务，教师巡回指导。

（6）工件成果分析。

2.任务实施注意点

（1）加工工艺过程。

（2）各种工具的选用。

（3）遇到问题时小组进行讨论，可让教师参与讨论，通过团队合作获取问题的答案。

（4）注意 6S 意识的培养。

四、心得体会

根据实训任务的内容，谈一谈你的学习／实训体会。

五、任务评价

课题	考核项目	配分	考核点	评分标准	实测	得分	合计
综合制作	作品（80分）	8	30 ± 0.1（2 处）	1 处超差扣 4 分			
		8	80 ± 0.1（凸凹各 1 处）	1 处超差扣 4 分			
		8	50 ± 0.1（凸凹各 1 处）	1 处超差扣 4 分			
		3	32 ± 0.1	超差无分			
		4	2 × ϕ8 ± 0.2（凸凹各 1 处）	超差 1 处扣 2 分			
		2	50 ± 0.2（凸凹各 1 处）	超差 1 处扣 1 分			
		2	15 ± 0.2（凸凹各 1 处）	超差 1 处扣 1 分			
		2	12 ± 0.2（凸凹各 1 处）	超差 1 处扣 1 分			
		3	平行度 0.1	超差无分			
		6	垂直度 0.1（凸凹各 1 处）	超差 1 处扣 3 分			
		10	配合间隙 ≤ 0.1（5 处）	超差 1 处扣 2 分			
		4	配合后直线度	超差无分			
		4	80 ± 0.3	超差无分			
		12	表面粗糙度 Ra 3.2	1 处超差扣 1 分			
		4	去除毛刺、倒棱 C 0.3	是否去毛刺，酌情扣分			
	职业素养（20分）	10	遵守操作规程，安全文明生产	量具等工具使用不规范 1 次扣 2 分			
		10	练习过程及结束后的 6S 考核	工作服未按要求穿戴扣 2 分，练习结束未打扫卫生扣 5 分			

一、问题发现

制作凸凹配件时，根据图纸要求，在锯、锉过程中可能出现如下问题。

（1）凸件有对称度要求，则两侧尺寸要求一致；凸件与凹件换向配合后有直线度要求，则凹件的两侧尺寸要一致。

（2）工件对垂直度有较高要求，如图 7-4 所示。

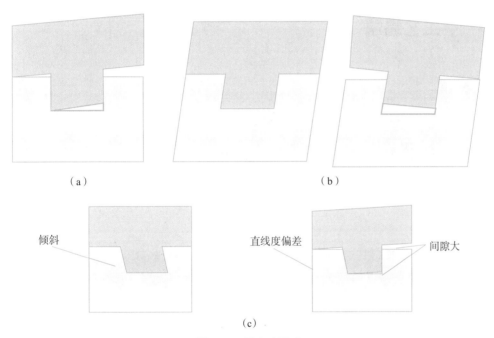

（a）

（b）

（c）

图 7-4　垂直度要求

（a）单件角度倾斜及侧边直线度超差；（b）换向配合产生误差；（c）换向超差

（3）工件对称度也有较高要求，如图 7-5 所示。

（4）锉削面的平整度，与侧面的垂直度也有要求，如图 7-6 所示。

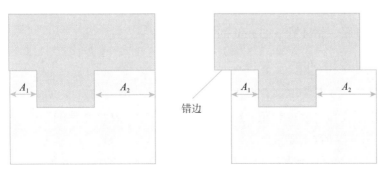

图 7-5　对称度要求

笔记

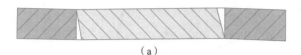
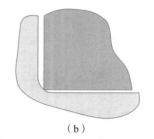

（a）   （b）

图 7-6   配锉面要求

（a）存在间隙；（b）没有清角导致配锉干扰

二、工艺编制

1. 准备工作

（1）认真识图，了解制作工艺及要求。

（2）按图检查毛坯，做加工前处理。

（3）锉削凸凹件外形尺寸，达到图纸要求（长度方向 80 ± 0.1 mm，高度方向 50 ± 0.1 mm，以及垂直度要求）。

2. 划线

（1）以相互垂直的两面作为基准划线，划线后应做全面检查，以防错划、漏划。

（2）检查无误后打样冲眼。

注意事项：划线时不要留有余量，锯缝要与所划直线平行，方可提高平面加工效率。

3. 钻工艺孔

根据样冲眼，钻 4 处 $\phi=3$ mm 的工艺孔。

4. 加工凸件

（1）按划线锯去垂直右角，粗、精锉两垂直面，并将凸件的高度方向控制在 32 ± 0.1 mm，达到技术要求。

（2）按划线锯去垂直左角，粗、精锉两垂直面，并将凸边长度尺寸控制在 32 ± 0.1 mm，高度方向控制在 30 ± 0.1 mm，达到技术要求。

5. 加工凹件

（1）根据划线钻出排孔，并锯除凹形面多余部分，粗锉至接近线条。

（2）凹槽处尺寸根据凸件实际尺寸配作，精锉凹形面，达到技术要求。

注意事项：钻排孔时，要求孔与孔相切，否则取余料进行锉削时阻力较大，用时较多。

6. 修配配合间隙

按照件1和件2的配合图，修配凸凹配合处间隙，保证装配后的直线度，以及 80±0.3 mm 尺寸，达到技术要求。

注意事项：试配时，观察干涉部分，修整尺寸量不宜过大，防止产生过大间隙。

7. 钻孔

选择合适的钻头，在件1和件2上的样冲眼位置钻4处 $\phi8$=mm 的通孔，并保证孔中心距为 50±0.2 mm、件1孔距底边距离 15±0.2 mm 和件2孔距顶边距离 12±0.2 mm，达到技术要求。

8. 全面检查

（1）用锉刀倾斜 5°～10° 将毛刺边削除。

（2）修整凸凹配件，保证表面粗糙度要求。

三、质量问题分析

凸凹型配合件以表面粗糙度、尺寸精度、平行度加工、垂直度加工和对称度加工为主，配合件尺寸要更加准确才能使配合间隙、表面粗糙度、直线度和尺寸达到要求。配合件的不合格形式及其产生原因如表 7-1 所示。

表 7-1 配合件的不合格形式及其产生原因

不合格形式	产生原因
工件表面夹伤或变形	（1）台虎钳夹装时未包裹铜皮、铝皮或采用软钳口； （2）夹紧力过大
工件表面粗糙度超差	（1）锉刀型号选用不当； （2）锉刀纹路镶嵌锉屑时，未及时清除； （3）粗、精锉削加工余量选用不当； （4）直角边锉削时未选用光边锉刀

笔记

续表

不合格形式	产生原因
工件尺寸超差	（1）划线精度不够； （2）锯割、锉削过程中未及时测量尺寸或测量不准确； （3）锯割、锉削过程中超过划线
工件平面度超差 （中凸、塌边或塌角）	（1）锉刀型号选用不当或锉刀面不平整； （2）锉削时双手推力、压力应用不协调； （3）未及时检查平面度就改变锉削方法； （4）锉削动作不规范

学思践悟

384400 千米，地球到月球的平均距离；0.0004 毫米，亚洲最大的全向转动射电望远镜——"天马"驱动系统的装配精度。这组数据，正是来自中国电子科技集团第五十四研究所的夏立（图 7-7）真实工作的写照。2019 年 1 月 3 日，"嫦娥四号"飞越 38 万千米，成功踏月。作为世界首个在月球背面软着陆和巡视探测的航天器，离不开"天马"的精准指路。"65 米是射电望远镜的口径，光码盘的装配精度是 0.004 毫米，这相当于一根头发粗细的 1/20。如果做到 0.005 毫米，这 0.001 毫米的差别，哪怕就是有 10 个月亮也找不着了。"采访中，夏立提及的数字，让人不自觉地拔下几根头发来琢磨。

图 7-7 大国工匠——夏立

精准指向的核心，是个小小的光码盘。起初，就算用最先进的磨床机器加工后，装配的精度也只能达到 0.02 毫米。怎么办？如何实现设计精度？为了打破困局，夏立想到了钳工中的修配和刮研，但这些技术属于静态加工，虽能保证零件的精度，却对检测设备要求高，耗费时间也长。冥思苦想中，他突然灵机一动："能否在托盘的运动状态下进行手工研磨？"

"手工打磨，最难的不是手感，而是数据分析。"有了思路，夏立到处查资料，白天晚上都在苦苦钻研，终于拿出了一套完整的工艺方案。启动打磨机，一个小点一个小点地试着打磨。当一个个的磨点出现在托盘表面，精度也在一点点的提高。每平方厘米面积内就需要将近千个磨点，托盘修磨一次就需要几万个磨点，面对如此巨大的工作量，夏立就像一位闭关修炼绝世武功的武者，测量设备上的表针在 1 个微米的格子上微微地摆动，1 天、2 天、3 天……终于在最后一天，看着夏立手中旋转着的光码盘，人群中发出了阵阵欢呼："成了！成了！"总工程师则激动地说："这几天担心得不得了，又怕打扰你，只能在窗户外面看着你。解决了这个问题，咱们就不用保守了，也再不怕被人卡脖子了。"

在承担多项重大工程之外，2016年6月，以夏立名字命名的天线制造创新工作室成立。如何成为一个好师傅，让每个操作人员都成为装配专家，是夏立要解决的问题。"为了尽快出徒，我摒弃了传统的师带徒方式，采用学校里老师与学生的新模式。"摆弄着手中的零部件，夏立道出了成功之路。

一路走来，夏立亲手装配的天线，亮过"天眼"，指过"北斗"，送过"神舟"，护过战舰，用一次次的极致磨砺，不断提升着"中国精度"。2018年，夏立荣获了"大国工匠年度人物"，2023年，荣获了"河北省最美职工"称号。

（来源：中工网，2023年5月10日，有删改））

任务·练习

一、选择题

1. 钻床运转满（　　）应进行一次一级保养。

　　A. 500 h　　　　　　　　B. 1000 h

　　C. 2000 h　　　　　　　D. 3000 h

2. 螺纹连接为了达到可靠而紧固的目的，必须保证螺纹副具有一定的（　　）。

　　A. 摩擦力矩　　　　　　B. 拧紧力矩

　　C. 预紧力　　　　　　　D. 间隙

3. 加工不通孔螺纹时，为了使切屑能够从孔口排除，丝锥容屑槽应采用（　　）。

　　A. 左螺旋槽　　　　　　B. 右螺旋槽

　　C. 直槽　　　　　　　　D. 螺旋槽

4. 零件被测表面与量具或量仪测头不接触，表面间不存在测量力的测量方法，称为（　　）。

　　A. 相对测量　　　　　　B. 间接测量

　　C. 非接触测量　　　　　D. 无损测量

5. 内外螺纹千分尺，可用来检查内外螺纹的（　　）。

　　A. 大径　　　　　　　　B. 中径

　　C. 小径　　　　　　　　D. 底径

笔记

6. 测量齿轮的公法线长度，常用的量具是（　　　）。

　　A. 公法线千分尺　　　　　　　　B. 光学测齿卡尺

　　C. 齿厚游标卡尺　　　　　　　　D. 游标卡尺

7. 用校对样板来检查工作样板常用（　　　）。

　　A. 覆盖法　　　　　　　　　　　B. 光隙法

　　C. 间接测量法　　　　　　　　　D. 直接测量法

8. 用量针法测量螺纹中径，以（　　　）法应用最为广泛。

　　A. 三针　　　　　　　　　　　　B. 两针

　　C. 单针　　　　　　　　　　　　D. 四针

9. 用百分表测量零件外径时，为保证测量精度，可反复多次测量，其测量值应取多次反复测量的（　　　）。

　　A. 最大值　　　　　　　　　　　B. 最小值

　　C. 平均值　　　　　　　　　　　D. 算术平均值

10. 麻花钻、铰刀等柄式刀具在制造时，必须注意其工作部分与安装基准部分的（　　　）公差要求。

　　A. 圆柱度　　　　　　　　　　　B. 同轴度

　　C. 垂直度　　　　　　　　　　　D. 平行度

二、判断题

（　　　）1. 完全互换法用在组成件数少，精度要求不高的装配中。

（　　　）2. 把蜗轮轴装入箱体后，蜗杆轴位置已由箱体孔决定，要使蜗杆轴线位于蜗轮轮齿对称中心面内，只能通过改变箱体孔中心线位置方法来调整。

（　　　）3. 齿轮在轴上定位，当要求配合过盈很大时，应采用液压套合法装配。

（　　　）4. 静连接花键装配，要有较少的过盈量。

（　　　）5. 当过盈量及配合尺寸较小时，一般采用液压配合法装配。

三、填空题

1. 双螺母锁紧属于_____防松装置。

2. _____是通过放大组成环公差，及对应零件组分别进行装配，来满足零件加工及装配精度要求。

3. 组成装配尺寸链至少有_____，_____和_____。

4. 产品装配的常用方法有_____、_____、_____和调整装配法。

5. 轴承定向装配的目的是抵消一部分相配尺寸的_____，以提高主轴旋转精度。

四、问答题

1.凸凹配件的四个工艺孔作用是什么？

2.凸凹配件的加工过程中，为什么先选择加工凸件？

五、拓展题

1.通过查找资料等方式，了解装配工作的基本知识。

2.畸形工件划线时，工件应如何安放？

综合训练

综合训练一 角度凸凹锉配

一、任务描述

根据给定的两块钢板零件图，完成零件加工，并需要达到相关的配合精度，其图纸（图 8-1、图 8-2）和技术要求如下：

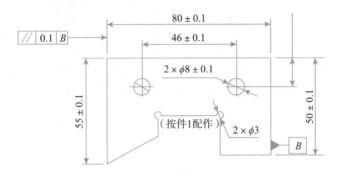

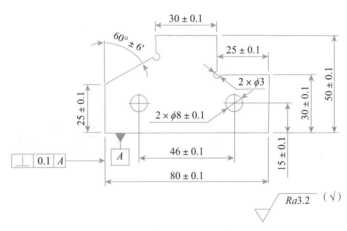

图 8-1 配件 1 和配件 2 加工图

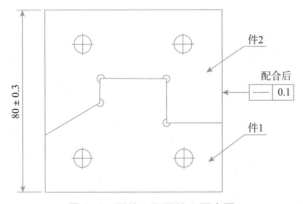

图 8-2 配件 1 和配件 2 配合图

技术要求：

（1）板厚 6 mm，已磨至尺寸，无需加工。

（2）材料为 Q235 钢板。

（3）去除毛刺，倒棱角 C 0.3。

（4）配合间隙 $\leqslant$ 0.1 mm。

（5）配合面不允许倒角。

二、任务评价

考核项目	考核点	配分	评分标准	实测	得分
件 1 （38 分）	80 ± 0.1	4	超差无分		
	50 ± 0.1	4	超差无分		
	30 ± 0.1（2 处）	8	超差 1 处扣 4 分		
	25 ± 0.1	4	超差无分		
	$2 \times \phi 8 \pm 0.1$	4	少 1 处扣 2 分		
	46 ± 0.1	2	超差无分		
	15 ± 0.1	2	超差无分		
	$2 \times \phi 3$	2	少 1 处扣 1 分		
	$60° \pm 6'$	5	超差无分		
	垂直度 0.1	3	超差无分		
件 2 （25 分）	80 ± 0.1	4	超差无分		
	50 ± 0.1	4	超差无分		
	55 ± 0.1	4	超差无分		
	$2 \times \phi 8 \pm 0.1$	4	少 1 处扣 2 分		
	46 ± 0.1	2	超差无分		
	15 ± 0.1	2	超差无分		
	$2 \times \phi 3$	2	少 1 处扣 1 分		
	平行度 0.1	3	超差无分		

续表

考核项目	考核点	配分	评分标准	实测	得分
配合 （27分）	配合间隙 ≤ 0.1（5处）	10	超差1处扣2分		
	80 ± 0.3	3	超差无分		
	直线度 0.1	3	超差无分		
	表面粗糙度 Ra 3.2	8	1处超差扣1分		
	去除毛刺、倒棱 C 0.3	3	是否去毛刺，酌情扣分		
职业素养 （10分）	遵守操作规程，安全文明生产	4	量具等工具使用不规范1次扣2分		
	考试过程及结束后的6S考核	6	工作服未按要求穿戴扣2分，考试结束未打扫卫生扣4分		
考评人员		评分人员		总评成绩	

综合训练二　不对称凸凹锉配

一、任务描述

根据给定的两块钢板零件图，完成零件加工，并需要达到相关的配合精度，其图纸（图 8-3、图 8-4）和技术要求如下：

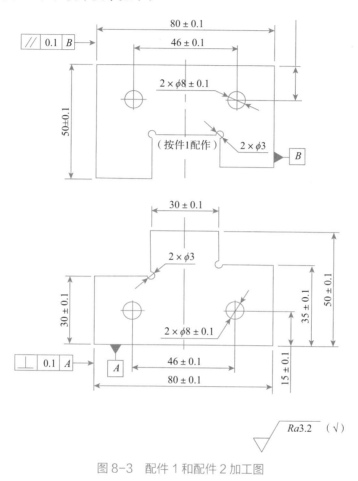

图 8-3　配件 1 和配件 2 加工图

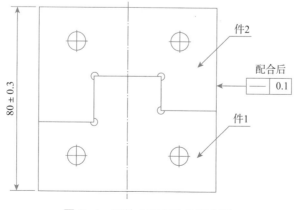

图 8-4　配件 1 和配件 2 配合图

技术要求：

（1）板厚 6 mm，已磨至尺寸，无须加工。

（2）材料为 Q235 钢板。

（3）去除毛刺，倒棱角 C 0.3。

（4）配合间隙 ≤ 0.1 mm。

（5）配合面不允许倒角。

二、任务评价

考核项目	考核点	配分	评分标准	实测	得分
件 1 （37 分）	80 ± 0.1	6	超差无分		
	50 ± 0.1	6	超差无分		
	30 ± 0.1	6	超差无分		
	35 ± 0.1	6	超差无分		
	$2 \times \phi 8 \pm 0.1$	4	少 1 处扣 2 分		
	46 ± 0.1	2	超差无分		
	15 ± 0.1	2	超差无分		
	$2 \times \phi 3$	2	少 1 处扣 1 分		
	垂直度 0.1	3	超差无分		
件 2 （25 分）	80 ± 0.1	6	超差无分		
	50 ± 0.1	6	超差无分		
	$2 \times \phi 8 \pm 0.1$	4	少 1 处扣 2 分		
	46 ± 0.1	2	超差无分		
	15 ± 0.1	2	超差无分		
	$2 \times \phi 3$	2	少 1 处扣 1 分		
	平行度 0.1	3	超差无分		
配合 （28 分）	配合间隙 ≤ 0.1 （5 处）	10	超差 1 处扣 2 分		

考核项目	考核点	配分	评分标准	实测	得分
配合 （28 分）	80 ± 0.3	3	超差无分		
	直线度 0.1	3	超差无分		
	表面粗糙度 Ra 3.2	8	1 处超差扣 1 分		
	去除毛刺、倒棱 C 0.3	4	是否去毛刺，酌情扣分		
职业素养 （10 分）	遵守操作规程，安全文明生产	4	量具等工具使用不规范 1 次扣 2 分		
	考试过程及结束后的 6S 考核	6	工作服未按要求穿戴扣 2 分，考试结束未打扫卫生扣 4 分		
考评人员		评分人员		总评成绩	

综合训练三　单燕尾锉配

一、任务描述

根据给定的两块钢板零件图，完成零件加工，并需要达到相关的配合精度，其图纸（图 8-5、图 8-6）和技术要求如下：

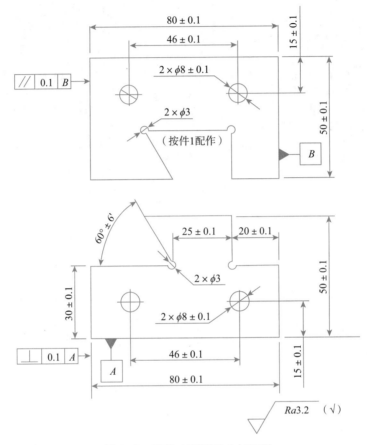

图 8-5　配件 1 和配件 2 加工图

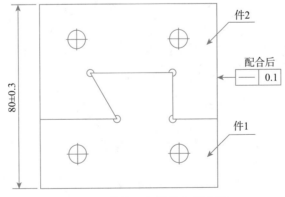

图 8-6　配件 1 和配件 2 配合图

技术要求：

（1）板厚 6 mm，已磨至尺寸，无需加工。

（2）材料为 Q235 钢板。

（3）去除毛刺，倒棱角 C 0.3。

（4）配合间隙 ≤ 0.1。

（5）配合面不允许倒角。

二、任务评价

考核项目	考核点	配分	评分标准	实测	得分
件 1 （38 分）	80 ± 0.1	4	超差无分		
	50 ± 0.1	4	超差无分		
	30 ± 0.1（2 处）	8	超差 1 处扣 4 分		
	20 ± 0.1	4	超差无分		
	$2 \times \phi8 \pm 0.1$	4	少 1 处扣 2 分		
	46 ± 0.1	2	超差无分		
	15 ± 0.1	2	超差无分		
	$2 \times \phi3$	2	少 1 处扣 1 分		
	25 ± 0.1	2	超差无分		
	$60° \pm 6'$	3	超差无分		
	垂直度 0.1	3	超差无分		
件 2 （25 分）	80 ± 0.1	4	超差无分		
	50 ± 0.1（2 处）	8	超差 1 处扣 4 分		
	$2 \times \phi8 \pm 0.1$	4	少 1 处扣 2 分		
	46 ± 0.1	2	超差无分		
	15 ± 0.1	2	超差无分		
	$2 \times \phi3$	2	少 1 处扣 1 分		
	平行度 0.1	3	超差无分		

考核项目	考核点	配分	评分标准	实测	得分
配合 （27 分）	配合间隙 ≤ 0.1（5 处）	10	超差 1 处扣 2 分		
	80 ± 0.3	3	超差无分		
	直线度 0.1	3	超差无分		
	表面粗糙度 Ra 3.2	8	1 处超差扣 1 分		
	去除毛刺、倒棱 C 0.3	3	是否去毛刺，酌情扣分		
职业素养 （10 分）	遵守操作规程，安全文明生产	4	量具等工具使用不规范 1 次扣 2 分		
	考试过程及结束后的 6S 考核	6	工作服未按要求穿戴扣 2 分，考试结束未打扫卫生扣 4 分		
考评人员		评分人员		总评成绩	

综合训练四　直角 T 形锉配

一、任务描述

根据给定的两块钢板零件图，完成零件加工，并需要达到相关的配合精度，其图纸（图 8-7、图 8-8）和技术要求如下：

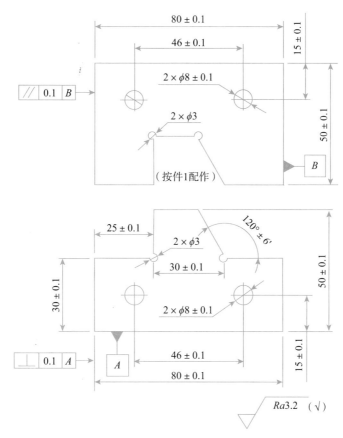

图 8-7　配件 1 和配件 2 加工图

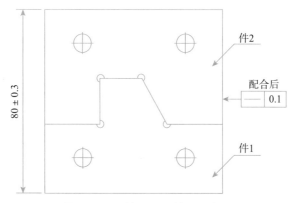

图 8-8　配件 1 和配件 2 配合图

技术要求：

（1）板厚 6 mm，已磨至尺寸，无需加工。

（2）材料为 Q235 钢板。

（3）去除毛刺，倒棱角 C 0.3。

（4）配合间隙 ≤ 0.1 mm。

（5）配合面不允许倒角。

二、任务评价

考核项目	考核点	配分	评分标准	实测	得分
件 1 （38 分）	80 ± 0.1	4	超差无分		
	50 ± 0.1	4	超差无分		
	30 ± 0.1（2 处）	8	超差 1 处扣 4 分		
	25 ± 0.1	4	超差无分		
	2×ϕ8 ± 0.1	4	少 1 处扣 2 分		
	46 ± 0.1	2	超差无分		
	15 ± 0.1	2	超差无分		
	2×ϕ3	2	少 1 处扣 1 分		
	30 ± 0.1	2	超差无分		
	120° ± 6′	3	超差无分		
	垂直度 0.1	3	超差无分		
件 2 （25 分）	80 ± 0.1	4	超差无分		
	50 ± 0.1（2 处）	8	超差 1 处扣 4 分		
	2×ϕ8 ± 0.1	4	少 1 处扣 2 分		
	46 ± 0.1	2	超差无分		
	15 ± 0.1	2	超差无分		
	2×ϕ3	2	少 1 处扣 1 分		
	平行度 0.1	3	超差无分		
配合 （27 分）	配合间隙 ≤ 0.1（5 处）	10	超差 1 处扣 2 分		
	80 ± 0.3	3	超差无分		
	直线度 0.1	3	超差无分		
	表面粗糙度 Ra 3.2	8	1 处超差扣 1 分		
	去除毛刺、倒棱 C 0.3	3	是否去毛刺，酌情扣分		

考核项目	考核点	配分	评分标准	实测	得分
职业素养（10分）	遵守操作规程，安全文明生产	4	量具等工具使用不规范1次扣2分		
	考试过程及结束后的6S考核	6	工作服未按要求穿戴扣2分，考试结束未打扫卫生扣4分		
考评人员		评分人员		总评成绩	

技能测试

技能测试 训练一

一、选择题（每题 2 分，共 13 题，共 26 分）

1. 划线时，当发现毛坯误差不大，但用找正方法不能补救的情况，可用（   ）方法来予以补救，使加工后的零件仍能符合要求。

    A. 找正   B. 借料

    C. 变换基准   D. 改图样尺寸

2. 研磨时，工件孔口扩大的原因之一是研磨棒伸出孔口（   ）。

    A. 太短   B. 太长

    C. 不长不短   D. 研磨棒头偏小

3. 从（   ）中可以了解装配体的名称。

    A. 明细栏   B. 零件图

    C. 标题栏   D. 技术文件

4. 带传动机构装配时，还要保证两带轮相互位置的正确性，可用直尺或（   ）进行测量。

    A. 角尺   B. 拉线法

    C. 划线盘   D. 光照法

5. 开始工作前，必须按规定穿戴好防护用品是安全生产的（   ）。

    A. 重要规定   B. 一般知识

    C. 规章   D. 制度

6. 采用伸张、弯曲、延展、扭转等方法进行的矫正叫（   ）。

    A. 机械矫正   B. 手工矫正

    C. 火焰矫正   D. 高频矫正

7. 孔的精度要求较高和表面粗糙度值要求很小时，应选用主要起（   ）作用的切削液。

    A. 润滑   B. 冷却

    C. 冲洗   D. 防腐

8. 在斜面上钻孔，为防止钻头偏斜和滑移，可采用（   ）的方法。

    A. 减小进给量   B. 铣出平面在钻孔

    C. 减小转速   D. 增大转速

9. 铰刀铰孔后可使孔的标准公差等级达到（   ）级。

    A. IT8 ～ IT7   B. IT8 ～ IT6

    C. IT9 ～ IT7   D. IT9 ～ IT6

10. 研磨铰刀用的研磨套材料最好选用（   ），或选择其他碳素结构钢也可以。

    A. 灰口铸铁   B. 可锻铸铁

    C. 白口铸铁   D. 球墨铸铁

11. 在形状复杂的工件上攻制螺纹时，丝锥折断在孔内，应（   ）。

    A. 用电火花蚀除　　　　　　B. 直接用钳子拧出

    C. 用錾子錾出　　　　　　　D. 敲打强取

12. 用水平仪只能检查导轨在垂直面的（   ）误差。

    A. 平面度　　　　　　　　　B. 垂直度

    C. 直线度　　　　　　　　　D. 平行度

13. 螺纹连接修理时，遇到难以拆卸的锈蚀螺纹，可以采用的辅助措施不包括（   ）。

    A. 用煤油浸润，再用工具拧紧螺母或螺钉就容易拆卸

    B. 用火焰对锈蚀部位加热

    C. 用锯切断

    D. 把工件放入煤油中一段时间

二、填空题（每题 1 分，共 50 题，共 50 分）

1. 万能角度尺可以测量_____范围的任何角度。

2. 一般手铰刀的刀齿在圆周上是_____分布的。

3. 表面粗糙度评定参数中，轮廓算术平均偏差代号是_____。

4. 研磨的切削量很小，所以研磨余量不能_____。

5. 合金结构钢牌号的前面两位数字表示平均含碳量为_____。

6. 当配合过盈量较小时，可采用_____方法压入轴承。

7. _____是企业生产管理的依据。

8. 在钢件和铸铁件上加工同样直径的内螺纹时，其底孔直径_____。

9. 圆板牙的排屑孔形成圆板牙的_____。

10. 钻头_____为零，靠近切削部分的棱边与孔壁的摩擦比较严重，容易发热和磨损。

11. 为达到螺纹连接可靠和坚固的目的，要求纹牙间有一定的_____。

12. 用测力扳手使预紧力达到给定值的是_____。

13. 蜗杆传动机构装配后，应进行啮合质量的检验，检验的主要项目包括蜗轮轴向位置、接触斑点、_____和转动灵活性。

14. 蜗杆传动机构的装配，首先要保证蜗杆轴线与蜗轮轴心线_____。

15. 滑阀的表面粗糙度为_____μm（配合面）。

16. 编制装配工艺规程时需要原始资料有_____。

17. _____说明工序工艺过程的工艺文件。

18. 互换装配法必须保证各有关零件公差值平方之和的平方根_____装配公差。

19. 对 T68 主轴装配时，需对关键件进行预检，掌握零件的误差情况及最大

误差的方向，利用误差相抵消的方法进行_____装配。

20. 可以独立进行装配的部件称_____单元。

21. 本身是一个部件用来连接，需要装在一起的零件或部件称_____。

22. 直接进入组件装配的部件称一级_____。

23. 直接进入组件_____的部件称一级分组件。

24. 装配单元系统图主要作用之一是清楚地反映出产品的_____。

25. 表示装配单元的装配先后顺序的图称_____。

26. 最先进入装配的装配单元称装配_____。

27. 装配工艺规定文件有装配_____。

28. 工艺规程分机械加工规程和_____工艺规程。

29. 工艺规程的质量要求必须满足产品_____、高产、低消耗三个要求。

30. 部件_____的基本原则为先上后下、先内后外、由主动到被动。

31. 异形工件划线前安置方法有利用_____支撑工件。

32. 采用量块移动坐标钻孔的方法加工孔距精度要求较高的孔时，应具有两个互相_____的加工面作为基准。

33. 刮削是一种精密加工，每刮一刀去除的余量_____，一般不会产生废品。

34. 旋转体在运转中既产生离心力又产生_____力偶矩叫动不平衡。

35. 浇铸巴氏合金轴瓦需要首先清理轴瓦基体，然后对轴瓦基体浇铸表面_____。

36. 液压传动不能_____。

37. 控制阀是液压系统的_____元件。

38. _____不属于液压辅助元件。

39. 利用压力控制来控制系统压力的回路是_____。

40. 液压系统温度过高的原因是液压泵效率低、系统压力损失、系统设计不合理和_____。

41. 平面连杆机构中最常见的是_____。

42. 凸轮轮廓线上各点的压力角是_____。

43. _____用来支承转动零件，即只受弯曲作用而不传递动力。

44. 销主要用来固定零件之间的_____。

45. 离合器主要用于轴与轴之间在机器运转过程中的_____与接合。

46. 滑动轴承主要由轴承座、轴瓦、紧定螺钉和_____等组成。

47. 人为误差又称_____误差。

48. 粗大误差属于_____误差。

49. 在同一条件下，多次测量同一量值，误差的数值和符号按某一确定的规律变化的误差称_____误差。

50. 用等高块、百分表和_____配合使用，检验铣床工作台纵向和横行移动对工作台面的平行度。

三、简答题（每题 4 分，共 6 题，总共 24 分）

1. 使用砂轮机时应注意哪些事项？

2. 什么叫研磨？研磨的功能有哪些？

3. 怎样把断丝锥从螺孔中取出来？

4. 使用塞尺时应注意哪些问题？

5. 常见的尺寸基准有哪几种？

6. 提高扩孔质量的措施有哪些？

技能测试　训练二

一、选择题（每题 2 分，共 15 小题，共 30 分）

1. 小孔的钻削，是指小孔的直径不大于（　　）mm。

    A. 3　　　　　　　　　　　　　　B. 5

    C. 7　　　　　　　　　　　　　　D. 8

2. 钻削小孔时，由于钻头细小，因此转速应（　　）。

    A. 低　　　　　　　　　　　　　　B. 高

    C. 不变　　　　　　　　　　　　　D. 中

3. 孔的深度为直径（　　）倍以上的孔称为深孔。

    A. 5　　　　　　　　　　　　　　B. 7

    C. 10　　　　　　　　　　　　　D. 12

4. 零件被测表面与量具或量仪测头不接触，表面间不存在测量力的测量方法，称为（　　）。

    A. 相对测量　　　　　　　　　　　B. 间接测量

    C. 非接触测量　　　　　　　　　　D. 无损测量

5. 内外螺纹千分尺可用来检查内外螺纹的（　　）。

    A. 大径　　　　　　　　　　　　　B. 中径

    C. 小径　　　　　　　　　　　　　D. 底径

6. 测量齿轮的公法线长度，常用的量具是（　　）。

    A. 公法线千分尺　　　　　　　　　B. 光学测齿卡尺

    C. 齿厚游标卡尺　　　　　　　　　D. 游标卡尺

7. 用校对样板来检查工作样板常用（　　）。

    A. 覆盖法　　　　　　　　　　　　B. 光隙法

    C. 间接测量法　　　　　　　　　　D. 直接测量法

8. 用量针法测量螺纹中径，以（　　）法应用最为广泛。

    A. 三针　　　　　　　　　　　　　B. 两针

    C. 单针　　　　　　　　　　　　　D. 四针

9. 用百分表测量零件外径时，为保证测量精度，可反复多次测量，其测量值应取多次反复测量值的（　　）。

    A. 最大值　　　　　　　　　　　　B. 最小值

    C. 平均值　　　　　　　　　　　　D. 算术平均值

10. 麻花钻、铰刀等柄式刀具在制造时，必须注意其工作部分与安装基准部分的（　　）公差要求。

    A. 圆柱度　　　　　　　　　　　　B. 同轴度

    C. 垂直度　　　　　　　　　　　　D. 平行度

11. 丝锥热处理淬火后进行抛槽是为了（　　　）。

    A. 刃磨前面　　　　　　　　　B. 清除污垢

    C. 修整螺纹牙形　　　　　　　D. 便于排屑

12. 装配中的修配法适用于（　　　）。

    A. 单件或小批量生产　　　　　B. 中批生产

    C. 成批生产　　　　　　　　　D. 试生产

13. 在螺纹连接中，拧紧成组螺母时，应（　　　）。

    A. 任选一个先拧紧　　　　　　B. 中间一个先拧紧

    C. 分次逐步拧紧　　　　　　　D. 先拧紧一个轴肩

14. 圆锥销连接大都是（　　　）的连接。

    A. 定位　　　　　　　　　　　B. 传递动力

    C. 增加刚性　　　　　　　　　D. 便于拆卸

15. 过盈量较大的过盈连接装配应采用（　　　）。

    A. 压入法　　　　　　　　　　B. 热胀法

    C. 冷缩法　　　　　　　　　　D. 敲击法

二、填空题（每题 1 分，共 24 题，共 24 分）

1. 以组件中最大且与组件中_____有配合关系的零件作为装配基准。

2. 总装配是将_____和部件结合成一台完整产品的过程。

3. 装配工艺规程是规定产品及部件的装配顺序、装配方法、装配技术要求、检验方法及装配所需设备、工具、时间定额等的_____。

4. 键的磨损一般都采取_____的修理办法。

5. 过盈连接是依靠包容件和被包容件配合后的_____来达到紧固连接的。

6. 产品的装配总是从_____开始，从零件到部件，从部件到整机。

7. 在一定条件下，规定生产一件产品或完成一道工序所消耗的时间为_____。

8. 选用装配用设备及工艺装备应根据_____。

9. 确定装配的检查方法，应根据产品结构特点和_____来选择。

10. 编写装配工艺文件主要是编写装配工艺卡，它包含着完成_____所必需的一切资料。

11. 可以单独进行装配的部件称为_____。

12. 直接进入组件装配的部件称为_____。

13. 直接进入_____总装的部件称为组件。

14. 绘制装配单元系统图，横线左右端为代表基准件和产品的长方格，从左到右按_____将代表零件或组件的长方格在横线上下依次画出。

笔记

15. 装配工艺装备主要分为三大类：_____、特殊工具、辅助装置。

16. 制订装配工艺卡片时，_____需一序一卡。

17. 用同一工具，不改变工作方法，并在固定的位置上连续完成的装配工作，叫作_____。

18. 选用装配用设备应根据_____。

19. 装配工作的组织形式随着_____和产品复杂程度不同，一般分为固定式装配和移动式装配两种。

20. 确定装配的验收方法，应根据产品结构特点和_____来选择。

21. 装配精度检验包括几何精度和_____精度检验。

22. 根据_____对有关尺寸链进行正确分析，并合理分配各组成环公差的过程叫解尺寸链。

23. 用完全互换法解装配尺寸链时，将封闭环的公差分配给各组成环应遵循的原则是_____。

24. 分组选配法的配合精度决定于_____。

三、简答题（1-10题每题4分，第11题6分，共46分）

1. 常见的尺寸基准有哪几种？

2. 何谓黏结？它有哪些特点？

3. 什么叫塑性变形？为什么必须是塑性好的材料才能进行矫正与弯曲？

4. 提高扩孔质量的措施有哪些？

5. 试述铰孔时造成孔径扩大的原因。

6. 大型工件划线，在选择划线的尺寸基准时，应选择哪一种基准最合理？

7. 修配装配法的特点是什么？

8. 在工具制造中，最常用的立体划线方法是哪种？它有什么特点？

9. 攻螺纹时造成螺纹表面粗糙的原因有哪些？

10. 工具钳工怎样来修整凸凹模型面？

11. 手工研磨运动轨迹有哪几种？试述各类型的主要特征及用途。

技能测试　训练三

一、选择题（每题 2 分，共 15 题，共 30 分）

1. 螺纹连接修理时，遇到难以拆卸的锈蚀螺纹，可以采用的辅助措施不包括（　　）。

　A. 用煤油浸润，再用工具拧紧螺母或螺钉

　B. 用火焰对锈蚀部位加热

　C. 用锯切断

　D. 把工件放入煤油中一段时间

2. 普通平键连接，键与轴槽采用（　　）配合。

　A. H9/h8　　　　　　　　　　　B. H9/h9

　C. JS9/h9　　　　　　　　　　　D. P9/h9

3. 松键连接锉配键长，在键长方向，键与轴槽有（　　）左右的间隙。

　A. 0.01 mm　　　　　　　　　　B. 0.02 mm

　C. 0.05 mm　　　　　　　　　　D. 0.1 mm

4. 紧键连接主要是指楔键连接，楔键连接分为普通键和（　　）两种。

　A. 导向楔键　　　　　　　　　　B. 钩头楔键

　C. 半圆楔键　　　　　　　　　　D. 矩形楔键

5. 花键连接配合的定心方式有外径定心，内径定心和键侧定心三种，一般采用（　　）。

　A. 内径定心　　　　　　　　　　B. 外径定心

　C. 键侧定心　　　　　　　　　　D. 键中定心

6. 装配动连接的花键时，花键孔在花键轴上应滑动自如，间隙应（　　），用手摇动套件时不应有过松现象。

　A. 较小　　　　　　　　　　　　B. 较大

　C. 适中　　　　　　　　　　　　D. 大小均可

7. 大型花键轴磨损，一般采用（　　）的方法修理。

　A. 镀锌或堆焊　　　　　　　　　B. 镀镍或堆焊

　C. 镀铬或堆焊　　　　　　　　　D. 镀铜或堆焊

8. 在大多数场合下圆柱销和销孔的配合具有少量（　　），以保证连接或定位的紧固性和准确性。

　A. 轴向移动量　　　　　　　　　B. 过渡

　C. 间隙　　　　　　　　　　　　D. 过盈

9. 圆锥销装配时，用试装法测量孔径大小，当销子能自由插入销子长度的（　　）左右为宜。

　A. 50%　　　　　　　　　　　　B. 60%

C. 70%　　　　　　　　　　　　D. 80%

10. 销连接损坏或磨损时，一般采用（　　　）地方法。

　　A. 更换销　　　　　　　　　　B. 修正销

　　C. 更换销孔　　　　　　　　　D. 修正销孔

11. V带传动机构中，V带的张紧力的调整方法有改变带轮中心距和（　　　）两种。

　　A. 增大带轮直径　　　　　　　B. 减小带轮直径

　　C. 用张紧轮来调整　　　　　　D. 改变V带尺寸

12. 由于带轮通常用铸铁制造，故用锤击法装配时锤击点尽量靠近（　　　）。

　　A. 轴心　　　　　　　　　　　B. 轮

　　C. 轴径　　　　　　　　　　　D. 轮缘

13. 带传动机构中，V带安装时，装好的带应该（　　　）。

　　A. 陷没在槽底　　　　　　　　B. 凸在轮槽外

　　C. 陷没在槽底或凸在轮槽外　　D. 既不陷没在槽底也不凸在轮槽外

14. 链传动机构装配时，当中心距大于 500 mm 时，两链轮的轴向允许偏移量为（　　　）。

　　A. 1.0 mm　　　　　　　　　　B. 1.5 mm

　　C. 2.0 mm　　　　　　　　　　D. 2.5 mm

15. 下列齿轮传动中，用于将旋转运动转化为直线运动的是（　　　）传动。

　　A. 相交轴斜齿轮　　　　　　　B. 交错轴斜齿轮

　　C. 齿轮齿条　　　　　　　　　D. 弧齿锥齿轮

二、判断题（每题 1 分，共 50 题，共 50 分）

（　　　）1. 锉刀锉纹号的选择主要取决于工件的加工余量、加工精度和表面粗糙度要求。

（　　　）2. 铆钉伸长部分的长度，应为铆钉直径的 1.25 ～ 1.5 倍。

（　　　）3. 黏结面的表面粗糙度越大，配合间隙越大，则黏结强度越高。

（　　　）4. 锯割零件快要锯断时，锯割速度要加快，压力要轻，并用手扶住被锯下的部分。

（　　　）5. 一切材料都能进行校正。

（　　　）6. 立钻的日常维护保养内容是整齐、清洁、安全、润滑。

（　　　）7. 用钻头、铰刀等定尺寸刀具进行加工时，被加工表面的尺寸精度不会受刀具工作部分的尺寸及制造精度的影响。

（　　　）8. 采用手铰刀时，铰刀在孔中不能反向旋转，否则容易拉伤孔壁。

（　　　）9. 在不同材料上铰孔，应从较软材料一方铰入。

（　　　）10. 扩孔不能作为孔的最终加工。

（　　）11. 钻削相交孔时，一定要注意钻孔顺序：小孔先钻，大孔后钻；短孔先钻，长孔后钻。

（　　）12. 标准麻花钻的顶角为 110°。

（　　）13. 手用铰刀的切削部分比机用铰刀短。

（　　）14. 提高切削速度是提高刀具寿命的最有效途径。

（　　）15. 在台虎钳的工作面上不能进行敲击作业。

（　　）16. 圆柱销用于定位时，一般依靠过盈固定在孔中。

（　　）17. 一般扩孔时的切削速度约为钻孔时的一半。

（　　）18. 功能完全相同而结构工艺不同的零件，它们的加工方法与制造成本也无大的差别。

（　　）19. 在工具制造中，最常用的装配方法是完全互换法。

（　　）20. 摇臂钻床工作结束后，应将主轴箱移至立柱端位置停放。

（　　）21. 使用螺旋槽丝锥攻螺纹时，切削平稳并能控制排屑方向。

（　　）22. 攻螺纹时，螺纹底孔直径必须与螺纹的小径尺寸一致。

（　　）23. 为使操作者在拧紧螺栓时省力，可加长扳手柄。

（　　）24. 磨料的粒度越粗，研磨精度越低。

（　　）25. 研磨质量的好坏除了与研磨工艺有很大关系外，还与研磨时的清洁工作有直接的影响。

（　　）26. 孔的精度要求高时，钻孔时应选用主要起润滑作用的冷却润滑液。

（　　）27. 使用电动工具时，必须握住工具手柄，但可拉着软线拖动工具。

（　　）28. 双重绝缘的电动工具，使用时不必戴橡胶手套。

（　　）29. 电源电压不得超过所用电动工具额定电压的 10%。

（　　）30. 使用砂轮机时，操作者绝对不能正对着砂轮工作。

（　　）31. 砂轮机的托架与砂轮间的距离一般应保持在 3 mm 以内。

（　　）32. 管接头 R1/2 表示尺寸代号为 1/2，用螺纹密封的圆锥外螺纹。

（　　）33. 冷弯形适合于材料厚度小于 5 mm 的钢材。

（　　）34. 刮削是一种精加工工艺，它可提高被加工工件的加工精度，降低工件的表面粗糙度。

（　　）35. 标准平板的精度分 0、1、2、3 四级。

（　　）36. 锉刀常用 T13A、T12A 材料制作。

（　　）37. 硬质合金钻头主要用于加工硬脆材料，如合金铸铁、玻璃、淬硬钢等难加工材料。

（　　）38. 零件的加工质量常用加工精度和表面质量两大指标来衡量。

（　　）39. 一张完整的零件图，应包括一组图形、全部尺寸、技术要求、标题栏四部分内容。

（　　　）40. 保证装配精度的常用工艺方法有：互换装配法、选配装配法、修配装配法和完全互换法。

（　　　）41. 工艺尺寸链中封闭环的确定是随着零件加工方案的变化而改变的。

（　　　）42. 工具钳工使用的立式钻床，能钻削精度要求不高的孔，但不宜在台钻上锪孔、铰孔、攻螺纹等。

（　　　）43. 划线时用来确定工件各部分尺寸、几何形状及相对位置的依据称为划线基准。

（　　　）44. 借料的目的是保证工件各部位的加工表面有足够的加工余量。

（　　　）45. 用手锯锯割时，其起锯角度应小于 15° 为宜，但不能太小。

（　　　）46. 安装锯条不仅要注意齿尖方向，还要注意齿条的松紧程度。

（　　　）47. 锯割钢材，锯条往返均要施加压力。

（　　　）48. 无机黏结所用的黏结剂有磷酸盐型和硅酸盐型两类。

（　　　）49. 黏结表面可以不经过处理直接进行黏结。

（　　　）50. 有机黏结剂基体胶样的合成树脂分为热固性树脂和热塑性树脂。

三、简答题（每题 4 分，共 5 小题，共 20 分）

1. 冷冲模装配的基本要求有哪些？

2. 简述夹具装配测量的一般程序。

笔记

3. 补偿件的选择原则是什么？

4. 夹具常用的量具和量仪的选择应遵循哪些原则？如何正确选择夹具的量具和量仪？

5. 夹具装配测量的主要项目有哪些？

附　录

附录 I   钳工实训车间 6S 检查评分标准

项目	项目内容及要求	基本分	实得分
整理	（1）钳台上除摆放量具外，不得摆放其他物品	4	
	（2）使用完后的量具、刀具等物品要随时放回工具柜内，并按定置图要求摆放整齐	3	
	（3）保证安全通道畅通，无物品堆放	3	
	（4）实训室内所有安全、文明、警示标识牌完好无损，无脏痕和油污	2	
	（5）及时更换看板内容及实训室 6S 考核检查情况表	3	
整顿	（1）电器开关箱内外整洁，无乱搭乱接现象	3	
	（2）电器开关箱有明确标识，并关好电器开关箱门	3	
	（3）量具、刀具等工具要归类摆放整齐，不随意摆放	5	
	（4）铁屑和垃圾分别存放入指定的箱内，并妥善管理	4	
	（5）工具柜门要随时关闭好，保持整齐	3	
清扫	（1）每班下课前清扫地面，讲课区桌椅摆放整齐	5	
	（2）每班下课前清扫设备，设备整洁无铁屑、油污	3	
	（3）卫生清扫工具摆放在规定位置，并摆放整齐，无乱放现象	3	
	（4）废料头及废刀具及时清理出实训室，集中堆放，无乱扔乱放现象	3	
	（5）每班下课前清洗洗手池，无堵塞和脏痕	3	
清洁	（1）保持实训室地面干净整洁，不随意乱扔纸屑、杂物等	3	
	（2）实训室墙壁、玻璃、门窗整洁，无脏痕、油污	3	
	（3）保持实训室物品摆放整齐，无桌椅乱放现象	4	
	（4）无私人物品（工作服、包、书、伞等）乱放现象	3	
安全	（1）学生进入实训室必须按要求穿戴好实训服，未按要求着装不得进入实训室，女生必须戴好工作帽	4	
	（2）不准戴手套操作机床和在砂轮机上刃磨刀具	4	
	（3）严格按照教师的要求进行操作，不在实训室内嬉笑打闹	4	
	（4）每班下课时切断所有电源，关好实训室门窗	4	

续表

项目	项 目 内 容 及 要 求	基本分	实得分
素养	（1）增强 6S 管理观念，严格要求自己，在实训中培养良好的职业素养	3	
	（2）认真学习，不迟到，不早退，不无故缺课	4	
	（3）不在实训室内听音乐，不在实训室内玩手机	3	
	（4）上课时不打瞌睡，不躺在实训室座椅上睡觉	4	
	（5）不在实训室内高声喧哗，不在实训室内唱歌	3	
	（6）安全文明实训，爱护设备，爱护工具，不破坏公共卫生，不在墙壁上乱涂乱画	4	

笔记

笔记

附录 II 企业职业道德规范及钳工岗位责任

一、企业职业道德规范

1. 爱岗乐岗、忠于职守的敬业意识

所谓敬业就是珍惜并忠实于自己的职业，具有较强的职业自豪感和职责感，立足本职，扎扎实实为社会做贡献。高素质的劳动者应怀着强烈的敬业精神，热爱本职工作，忠实履行职业职责，在任何状况下都能坚守岗位。一个人只有爱岗敬业、以高度的职业荣誉感和自豪感，焕发出对本职工作的激情，会身心融入在职业活动中，才能在工作中充分发挥自我的聪明才智，做出出类拔萃的成绩；一个人只有把职业当成自我的事业而不仅仅是谋生的手段，做到干一行、爱一行，才能成为社会的有用之才。因此，爱岗敬业、忠于职守是奉献社会、实现人生价值的重要途径。

2. 讲究质量、注重信誉的诚信意识

讲究质量和信誉是社会主义职业道德的重要规范，也是市场经济体制中竞争者应遵循的最基本规则。它要求从业者立足于以质取胜、以信立本，反对忽视质量、不讲信誉、对消费者及用户不负职责的作风和行为。讲信誉要求劳动者务必严格践约，对于自我向社会、他人做出的承诺都务必认真履行。它既是一种经营策略，更是一种合乎道德的举措。质量问题关系到人民和国家的根本利益，也是企业顺利发展的前提和条件。

3. 遵纪守法、公平竞争的规则意识

遵纪守法、公平竞争要求从业者在职业实践中自觉遵守法律和法规，遵守职业纪律，自觉抵制各种行业的不正之风。只有每个人都自觉遵守市场法则，公平竞争的市场秩序才能得到保证。遵纪守法、公平竞争体现了从业者对国家、对人民以及对职业利益的尊重与保护，是发展社会主义市场经济的客观要求，也是抑制部门和行业不正之风的需要，因而是社会主义职业道德的一条重要规范。

4. 团结协作、顾全大局的合作意识

团结协作、顾全大局是处理职业团体内部人与人之间，以及协作单位之间关系的一条道德规范。社会的进步和事业的发展，是千千万万职业劳动者共同的任务，劳动者彼此之间，以及协作单位之间需要互相支持、互相帮忙。这是一种在共同利益、共同目标下进行的相互促进的活动。通过彼此的支持，才能构成职业团体、行业团体中良好的道德氛围，激励和提高劳动者的劳动热情，充分发挥他们的创造潜能，创造更好的经营业绩，同时实现更好地为社会服务的目的。现代社会分工越来越细，对协作的要求越来越高，单靠个人的力量孤军奋战，即使再有潜力，也难以获得事业的成功。这也就是许多企事业单位在招聘员工时都要详

细考察应聘者是否具有"团队精神"的原因。

5. 刻苦学习、不断进取的钻研精神

职业技能是人们进行职业活动、履行职业职责的能力和手段。它要求所有从业人员努力钻研所从事的专业，孜孜不倦、锲而不舍，不断提高技能水平。因为没有丰富的业务知识和熟练的服务技能就不可能有优良的服务质量，也就体现不出良好的职业道德。同时，现代科学技术发展迅猛，知识不断更新，社会发展的速度日益加快，学习型社会、学习型组织逐步建立。作为新世纪的劳动者，只有勤于探索，不断学习，才能紧跟时代发展的步伐。透过学习新知识、新技术，洞察事物的发展方向，研究新方法，走出新路子，开拓新途径，才能在不断发展和变化的社会中找准自我的位置。因此，要培养职工的学习意识，保持乐学、善学、终身学习的良好习惯。

6. 艰苦奋斗、勤俭节约的创业精神

艰苦奋斗、勤俭节约是我国劳动人民的传统美德，也是人类发展的共同精神财富。目前，我国正处在社会主义市场经济体制的构建初期，它要求我们不断提高管理水平、减少能源消耗、降低成本、提高产品质量。对于企业来说，艰苦奋斗、勤俭节约是提高经济效益的决定性因素。这就要求社会主义劳动者在职业活动中，要珍惜国家和群众财产，节约原材料，勤俭办事，在工作中不讲条件，不图实惠，经得起挫折，受得了委屈，以主人翁的劳动态度和职责感从事自我的职业。

二、钳工岗位责任

（1）必须持证上岗，做好个人防护工作，牢记"安全生产，人人有责"的思想，严格遵章守纪，不违反劳动纪律，坚守岗位，不酒后作业，集中精力进行安全生产。

（2）认真学习钳工安全技术规程，严格执行安全规章制度和措施，不违章作业，不冒险蛮干，有权拒绝违章指挥。

（3）熟识图纸，能做到按图装配，熟悉各种机械、液压、气压传动原理，打孔、攻丝、公差配合、焊接、铣削、切磨等装配工艺。

（4）熟悉全区所使用设备性能，正确认识维护设备的重要性和积极作用，按规定的工作时间对责任范围的设备进行日常检查，确保设备完好率达标。

（5）设备试运转应严格按照单项安全技术措施进行。

（6）在使用各种工具时，应检查其牢固性；打锤时，不准戴手套，并注意周围是否有人或障碍物。

（7）检修机械设备时，必须切断机械设备电源，杜绝带电检修，保证检查质量。同时，必须严格按设备的性能检修，不能任意改变设备的性能。

（8）积极参加安全竞赛活动，接受安全教育，随时检查工作岗位周围的环境，文明施工。

笔记

参考文献

[1] 邓集华.钳工基础技能实训 [M].2 版.北京：机械工业出版社，2021.

[2] 杨国勇.钳工技能实训 [M].北京：机械工业出版社，2021.

[3] 吴笑伟，喻红卫，郭永生.钳工实训教程 [M].北京：北京大学出版社，2017.

[4] 童永华，冯忠伟.钳工技能实训 [M].5 版.北京：北京理工大学出版社，2022.

[5] 温上樵，王敏，周卫东.钳工实训 [M].成都：电子科技大学出版社，2014.

[6] 赵文雅.机械设计基础 [M].哈尔滨：哈尔滨工业大学出版社，2019.

版权声明

根据《中华人民共和国著作权法》的有关规定，特发布如下声明：

1. 本出版物刊登的所有内容（包括但不限于文字、二维码、版式设计等），未经本出版物作者书面授权，任何单位和个人不得以任何形式或任何手段使用。

2. 本出版物在编写过程中引用了相关资料与网络资源，在此向原著作权人表示衷心的感谢！由于诸多因素没能一一联系到原作者，如涉及版权等问题，恳请相关权利人及时与我们联系，以便支付稿酬。（联系电话：010-60206144；邮箱：2033489814@qq.com）